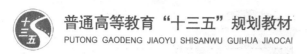

普通高等教育"十三五"规划教材

PUTONG GAODENG JIAOYU SHISANWU GUIHUA JIAOCAI

U0296909

二维动画
制作与设计案例教程

主　编○油　晔

副主编○王　磊　肖慧明

西南交通大学出版社

·成　都·

图书在版编目（CIP）数据

二维动画制作与设计案例教程 / 油晔主编. —成都：
西南交通大学出版社，2016.8（2025.1 重印）
普通高等教育"十三五"规划教材
ISBN 978-7-5643-4982-0

Ⅰ. ①二… Ⅱ. ①油… Ⅲ. ①动画制作软件 – 高等学
校 – 教材 Ⅳ. ①TP391.41

中国版本图书馆 CIP 数据核字（2016）第 205523 号

普通高等教育"十三五"规划教材
二维动画制作与设计案例教程

主编　油　晔

*

责任编辑　张华敏
特邀编辑　鲁会茹　鲁世钊
封面设计　何东琳设计工作室
西南交通大学出版社出版发行
四川省成都市二环路北一段 111 号西南交通大学创新大厦 21 楼
邮政编码：610031　发行部电话：028-87600564
http://www.xnjdcbs.com
四川永先数码印刷有限公司

*

成品尺寸：185 mm×260 mm　　印张：11.75
字数：294 千
2016 年 8 月第 1 版　　2025 年 1 月第 5 次印刷
ISBN 978-7-5643-4982-0
定价：52.00 元

前　言

Flash 是目前应用最广泛的、跨平台的多媒体二维动画制作软件之一，其功能强大，具有交互性强、传播性好、易制作等特点，广泛应用于游戏开发、手机广告、教学课件设计、Web 应用开发等领域。

目前，与 Flash 相关的二维动画制作与设计的书籍已经出版很多，但能够按照高等院校教学要求，符合教学规律编写的教科书却不多。本书的体系结构经过精心的设计，按照"课堂案例→理论知识归纳与总结→举一反三→任务拓展→课后练习"这一思路进行编排，力求通过课堂案例演练，使学生深入学习软件功能和动画设计思路；通过理论知识归纳与总结将课堂案例中的知识点进行归纳和深入讲解，使学生能够将实践与理论知识相融合，便于知识的积累；通过课上举一反三和课后练习中的实例制作，拓展学生的实际应用能力与知识灵活运用的能力，使其艺术创意思维更加开阔，实际设计制作水平得到不断提升。本书在内容编写方面，力求细致全面、重点突出；在文字叙述方面，注意言简意赅、通俗易懂；在案例选取方面，强调案例的针对性和使用性。

本书由辽宁轨道交通职业学院油晔担任主编，王磊、肖慧明担任副主编。其中第一章至第二章由王磊编写，第三章至第四章由肖慧明编写，第六章至第十章由油晔编写。参与本书整理及校对工作的还有沈阳师范大学姚朋军，在此一并表示感谢。

由于编者经验有限，加之时间仓促，书中难免会有疏漏和不足之处，欢迎读者批评指正。

编　者
2016 年 8 月

目　录

第一章 Flash 动画制作入门

Flash 是目前应用最广泛的多媒体动画制作软件之一，它以其强大的图形绘制、动画制作以及交互功能，博得了广大动画制作爱好者的青睐。在具体学习使用 Flash 制作动画之前，我们需要先了解一下与 Flash 相关的知识和基本操作，如 Flash 动画的特点、制作流程，Flash 的工作界面，Flash 动画制作原理等，从而为后面的学习做好准备。

【课堂学习目标】

1. Flash 动画的应用领域、特点和创作流程。
2. 启动和退出 Flash。
3. 新建、打开、保存和关闭 Flash 文档及属性设置。
4. 了解 Flash 动画的制作原理和相关概念，并能制作出简单的 Flash 动画。

1.1 初识 Flash 软件

动画的制作离不开它的制作工具，下面我们就通过制作"过光文字"简单动画，来体验一下 Flash 动画的制作流程以及熟悉一下 Flash 的操作界面，充分体验一下制作 Flash 动画的无穷乐趣。

1.1.1 课堂案例——制作"过光文字"

【案例学习目标】

通过本案例的学习，使大家能够掌握 Flash 动画的开发流程，熟悉 Flash 的操作界面以及对于 Flash 文档的相关属性的设置。

【案例知识要点】

新建文档的方法，导入背景图，保存、测试以及发布影片的方法，如图 1.1 所示。

图 1.1

1. 新建文档

① 启动 Flash 软件，在创建新项目栏中选择"新建>ActionScript3.0"选项，如图 1.2 所

示，进入 Flash 的设计界面。

② 在舞台的空白处单击鼠标右键，在弹出的快捷菜单中选择"文档属性"命令，如图 1.3 所示。

图 1.2　　　　　　　　　　　　　　　　　　　　　　图 1.3

③ 在弹出的"文档属性"对话框中设置文档"尺寸"宽度为"400"像素，高度为"100"像素，设置文档"帧频"为"5"fps，文档其他属性使用默认参数，如图 1.4 所示，单击"确定"按钮关闭对话框。

2. 导入背景图

① 用鼠标右键单击"图层 1"图层，在弹出的快捷菜单中选择"属性"命令，然后在弹出的"图层属性"对话框中将图层重命名为"背景"图层，效果如图 1.5 所示。

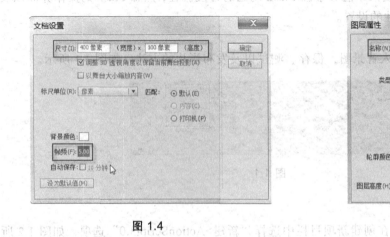

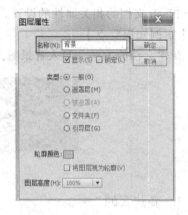

图 1.4　　　　　　　　　　　　　　　　　　　　　　图 1.5

② 执行"文件>导入>导入到舞台"命令，将"素材>第 1 章>制作"过光文字">背景.png"文件导入到舞台中，效果如图 1.6 所示。

3. 制作文字过光效果

① 在时间轴上单击新建图层按钮，在"背景"图层上新建一个图层并重命名为"文字"图层，效果如图 1.7 所示。

图 1.6 　　　　　　　　　　　　　　　　　　　　图 1.7

② 选择"文本"工具，在"属性"面板中设置"系列"为"Times New Roman"，"字体大小"为 50，并加粗，"文本颜色"为"红色"，然后在"文字"图层上输入字母"Sunny Boy"，参数设置如图 1.8 所示。

③ 按 Ctrl+K 组合键打开"对齐"面板，确定"相对于舞台"状态被选中，然后单击"水平中齐"和"垂直中齐"，如图 1.9 所示，使文字相对舞台居中对齐，舞台上的显示效果如图 1.10 所示。

图 1.8 　　　　　　　　　　　　　　　　图 1.9

图 1.10

④ 选中"文字"图层上第 1 帧的图形，按 1 次 Ctrl+B 组合键将文字打散，效果如图 1.11 所示。

图 1.11

⑤ 分别选择"文字"和"背景"图层的第 8 帧，然后按 F5 键插入帧，效果如图 1.12 所示。

⑥ 按住 Shift 键选中"文字"图层的第 2 帧~第 8 帧，然后按 F6 键插入关键帧，效果如图 1.13 所示。

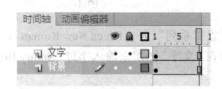
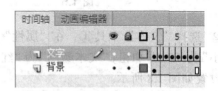

图 1.12   图 1.13

⑦ 选中"文字"图层第 1 帧处的字母"S"，在"属性"面板中设置其"字体颜色"为"白色"，效果如图 1.14 所示。

图 1.14   第 1 帧处的文字

⑧ 使用同样的方法，将第 2 帧的"u"字母的"字体颜色"设置为"白色"，依次类推进行设置，效果如图 1.15 所示。

第 2 帧处的文字   第 3 帧处的文字

第 4 帧处的文字   第 5 帧处的文字

第 6 帧处的文字　　　　　　　　　　第 7 帧处的文字

第 8 帧处的文字

图 1.15

至此，文字的过光效果已经制作完成。

4. 保存并测试影片

① 按 Ctrl+S 组合键保存影片，在弹出的"另存为"对话框中，设置保存目录并输入文件名为"过光文字"，效果如图 1.16 所示。

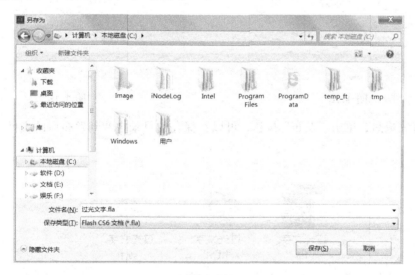

图 1.16

② 单击"保存"按钮保存影片，按 Ctrl+Enter 组合键测试影片。影片的播放效果如图 1.17 所示。

图 1.17

5. 发布影片

① 执行"文件>发布设置"命令，打开"发布设置"对话框，在"格式"选项卡中可以对要发布的格式进行设置，如图 1.18 所示。

② SWF 动画格式是 Flash 自身的动画格式，因此它是输出动画的默认格式。

③ 如果要在 Web 浏览器中播放 Flash 电影，则必须创建 HTML 文档。选择"发布设置"对话框中的"HTML 包装器"可以设定 Flash 电影在浏览器窗口中的位置、背景颜色以及电影大小等参数，如图 1.19 所示。

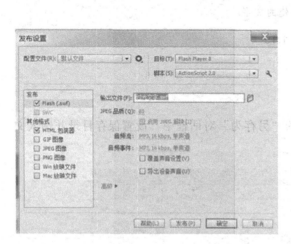

图 1.18   图 1.19

④ 设置完成后，单击"发布"按钮，可以在保存的目录中看到发布后的文件，如图 1.20 所示。

图 1.20

至此，一个过光文字动画作品制作就完成了。

1.1.2 理论知识归纳与总结

1. 启动与退出 Flash 软件

启动 Flash 软件的方法主要有以下几种。

¤ 选择"开始>所有程序>Adobe>Adobe Flash Professional CS6"菜单命令。

¤ 双击桌面上的 Flash 快捷方式图标。

¤ 在"我的电脑"窗口或"开始>我最近的文档"子菜单中打开一个 Flash 文档。

退出 Flash 软件的方法有以下几种。

¤ 选择"文件>退出"菜单命令。

¤ 单击 Flash 主界面右上角的 × 按钮。

¤ 按"Alt+F4"键。

2. Flash 文档基本操作

（1）新建文档

选择"文件>新建"命令，弹出"新建文档"对话框。选择完成后，单击"确定"按钮，即可完成新建文件的任务，如图 1.21 所示。

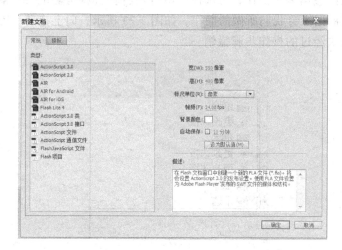

图 1.21

（2）保存文档

选择"文件>保存"，弹出"另存为"对话框，在对话框中，输入文件名，选择保存类型，单击"保存"按钮，即可将动画保存，如图 1.22 所示。

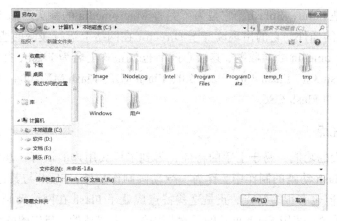

图 1.22

【提示】当对已经保存过的动画文件进行了各种编辑操作后，选择"保存"命令，将弹不出"另存为"对话框，计算机直接保留最终确认的结果，并覆盖原始文件。因此，在未确定要放弃原始文件之前，应慎用此命令。

若既要保留修改过的文件，又不想放弃原文件，可以选择"文件>另存为"命令，弹出"另存为"对话框，在对话框中，可以为更改过的文件重新命名、选择路径、设定保存类型，然后进行保存，这样原文件保留不变。

（3）操作的撤销和恢复

在制作 Flash 作品的过程中，经常会发生一些意想不到的错误操作，此时按快捷键"Ctrl+Z"可撤销前一步操作，连续执行可撤销多步操作；若不小心将正确的操作撤销了，可按快捷键"Ctrl+Y"恢复撤销的操作。

如果需要一次性撤销多步操作，可选择"窗口>其他面板>历史记录"菜单，打开"历史记录"面板，该面板记录着我们所做的操作，如图 1.23 所示，向上拖动"历史记录"面板左侧的滑块，可将滑块经过的操作步骤撤销。

图 1.23

【拓展知识】

1. Flash 简介

Flash 的前身是 Future Splash，它是为了完善 Macromedia 的拳头产品 Director 而开发的一款用于网络发布的插件，它的出现改变了 Director 在网络上运行缓慢的尴尬局面。1996 年原开发公司被 Macromedia 公司收购，其核心产品也被正式更名为 Flash，并相继推出了 Flash 1.0、Flash 2.0、Flash 3.0、Flash 4.0、Flash 5.0、Flash MX、Flash MX 2004、Flash 8、Flash CS 直至现在比较流行的 Flash CS6。

2. Flash 的优点

Flash 以其强大的功能，易于上手的特性，得到了广大用户的认可，甚至于疯狂的热爱，很多人已投入到 Flash 动画的制作中。作为一款动画制作软件，Flash 与其他动画制作软件有很多相似的地方，但也有很多特点，正是这些特点成就了 Flash 在网络动画领域的王者地位。

① 矢量图形系统：使用 Flash 创建的元素是用矢量来描述的。与位图图形不同的是，矢量

图形可以任意缩放尺寸而不影响图形的质量。

② 制作简单：Flash 动画的制作相对比较简单，一个爱好者只要掌握一定的软件知识，拥有一台电脑，一套软件就可以制作出简单的动画。

③ 存储容量小和缩放时不失真：Flash 动画主要由矢量图形组成，矢量图形具有存储容量小，并且在缩放时不会失真的优点。此外，Flash 在导出动画的过程中，程序还会压缩、优化各种动画组成元素（如位图图像、音频、视频等），这就进一步减少了动画的存储容量，从而使其更适于在网络上传输。

④ 边下载边播放：在网络上播放时，发布后的.swf 文件具有"流"媒体的特点，可以边下载边播放，而不是需要把整个文件下载完了才能播放。

⑤ 增强的 Flash 交互功能：Flash 使用 ActionScript 语句，增强了对于交互事件的动作控制，使用户可以更精确、更容易的控制动画的播放。

1.2　Flash 动画的应用领域

Flash 互动内容已经成为创造网站活力的标志，应用 Flash 技术与电视、广告、卡通、MTV 等应用相结合，进行商业推广，把 Flash 从个人爱好推广为一种阳光产业，渗透到音乐、传媒、广告和游戏等各个领域，开拓发展无限的商业机会。其用途主要有以下几个方面。

1.2.1　制作 Flash 短片

相信绝大多数人都是通过观看网上精彩的动画短片知道 Flash 的（见图 1.24）。Flash 动画短片经常以其感人的情节或是搞笑的对白吸引上网者进行观看。

1.2.2　制作互动游戏

对于大多数的 Flash 学习者来说，制作 Flash 游戏一直是一项很吸引人，也很有趣的技术，甚至许多闪客都以制作精彩的 Flash 游戏作为主要的目标。随着 ActionScript 动态脚本编程语言的逐渐发展，Flash 已经不再仅局限于制作简单的交互动画程序，而是致力于通过复杂的动态脚本编程制作出各种各样有趣、精彩的 Flash 互动游戏（见图 1.25）。

图 1.24

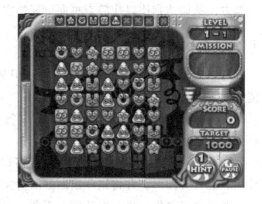

图 1.25

1.2.3 制作教学用课件

随着网络教育的逐渐普及，网络授课不再只是以枯燥的文字为主，更多的教学内容被制作成了动态影像，或者将教师的知识点讲解录音进行在线播放。可是这些教学内容都只是生硬的播放事先录制好的内容，学习者只能被动地点击播放，而不能主动参与到其中。Flash的出现改变了这一切，由于 Flash 制作的课件具有很高的互动性，使学习者能够真正融入到在线学习中，亲身参与每一个实验，就好像自己真正在动手一样，使原本枯燥的学习变得活泼生动（见图 1.26）。

1.2.4 Flash 电子贺卡

在快节奏发展的今天，每当重要的节日或者纪念日，更多的人选择借助发电子贺卡来表达自己对对方的祝福和情感。而在这些特别的日子里，一张别出心裁的 Flash 电子贺卡往往能够为人们的祝福带来更加意想不到的效果（见图 1.27）。

图 1.26

图 1.27

1.2.5 搭建 Flash 动态网站

由于制作精美的 Flash 动画可以具有很强的视觉冲击力和听觉冲击力，因此一些公司在网站发布新的产品时，往往会采用 Flash 制作相关的页面，借助 Flash 的精彩效果吸引客户的注意力，从而达到比以往静态页面更好的宣传效果。

1.2.6 Flash 动画制作流程

每个人创作 Flash 动画的习惯不同，但都会遵循一个基本的流程。创建 Flastl 动画的一般流程如下：

① 前期策划：在着手制作动画前，应首先明确动画要达到的效果，然后确定剧情和角色，还要根据剧情确定动画风格。

② 准备素材：做好前期策划后，便可以开始根据策划的内容绘制角色造型、背景以及要使用的道具等图形，并将这些绘制好的对象转换成元件以备使用（声音、图形等动画素材不一定非要自己制作，也可以从网上下载，或购买相关的素材光盘）。

③ 制作动画：一切准备妥当后就可以开始制作动画了，这主要包括为角色设计动作，角色与背景的合成，动画与声音的合成等。

④ 后期调试：后期调试包括调试动画和测试动画两方面。调试动画主要是针对动画的细节、动画片段的衔接、场景的切换、声音与动画的协调等进行调整，使整个动画显得更加流畅和有节奏感；测试动画是对动画在本地和网上的最终播放效果进行检测，以保证动画能完美地展现在观众面前。

⑤ 发布作品：动画制作完成并调试无误后. 便可以将动画导出或发布为.swf 格式的影片文件，并上传到网络中供人们欣赏及下载。

1.2.7　Flash 动画的制作原理

传统动画和影视都是通过连续播放一组静态画面实现，每一幅静态画面就是一个帧，Flash 动画也是如此。在时间轴的不同帧上放置不同的对象或设置同一对象的不同属性，例如位置、形状、大小、颜色、透明度等，当播放头在这些帧之间移动时，便形成了动画。

【课后练习】

使用与"过光文字"相同的原理制作一个"倒计时"动画，效果如图 1.28 和图 1.29 所示。

图 1.28

图 1.29

第二章　图形的绘制与编辑

本章将介绍 Flash 绘制图形的功能和编辑图形的技巧、多种选择图形的方法以及设置图形色彩的技巧。大家通过学习，要掌握绘制图形、编辑图形的方法和技巧，能够独立绘制出所需的各种图形效果并能对其进行编辑，为进一步学习 Flash 打下坚实的基础。

【课堂学习目标】

1. 基本线条与图形的绘制。
2. 图形的绘制与选择。
3. 图形的编辑。
4. 图形的色彩。

2.1　基本线条与图形的绘制

在 Flash 中所创造出的充满活力的设计作品都是由基本图形组成的，Flash 提供了各种工具来绘制线条和图形。

2.1.1　课堂案例——绘制圣诞树

【案例学习目标】

使用不同的绘图工具绘制图形并组合成图像效果。

【案例知识要点】

使用线条工具、颜料桶工具、椭圆工具来完成图形的绘制，如图 2.1 所示。

图 2.1

1. 绘制雪地背景

① 选择"文件>新建"命令，在弹出的"新建文档"对话框中选择"Flash 文档"选项，

单击"确定"按钮，进入新建文档舞台窗口。按 Ctrl+F3 组合键，弹出文档"属性"面板，将"舞台背景"选项设为深蓝色（#000066），如图 2.2 所示。在"时间轴"面板中将"图层1"重新命名为"白色雪地"。

② 选择"铅笔"工具 ，选中工具箱下方的"平滑"按钮 。在铅笔工具"属性"面板中将"笔触颜色"选项设为白色，"笔触高度"选项设为 4，如图 2.3 所示。

图 2.2

图 2.3

③ 在舞台窗口的中间位置绘制出一条曲线。按住 Shift 键的同时，在曲线的下方绘制出 3 条直线，使曲线与直线形成闭合区域，效果如图 2.4 所示。选择"颜料桶"工具 ，在工具箱中将填充色设为白色 ，在闭合的区域中间单击鼠标填充颜色，效果如图 2.5 所示。

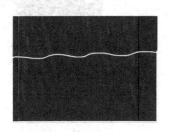

图 2.4

图 2.5

2. 绘制圣诞树

① 在"时间轴"面板中单击"锁定/解除锁定所有图层"按钮 下方的小黑圆点，"白色雪地"图层上显示出一个锁状图标 ，表示"白色雪地"图层被锁定（被锁定的图层不能进行编辑）。单击"时间轴"面板下方的"插入图层"按钮 ，创建新图层并将其命名为"圣诞树"，如图 2.6 所示。选择"线条"工具 ，在工具箱中将笔触颜色设为绿色（#33CC66），在场景中绘制出圣诞树的外边线，效果如图 2.7 所示。

② 选择"选择"工具 ，将光标放在圣诞树左上方边线的中心部位，光标下方出现圆弧形状 ，这表明可以将该直线转换为弧线，在直线的中心部位按住鼠标并向下拖曳，直线变为弧线，效果如图 2.8 所示。用相同的方法把圣诞树边线上的所有直线转换为弧线，效果如图 2.9 所示。用相同的方法再绘制出一棵小圣诞树，效果如图 2.10 所示。

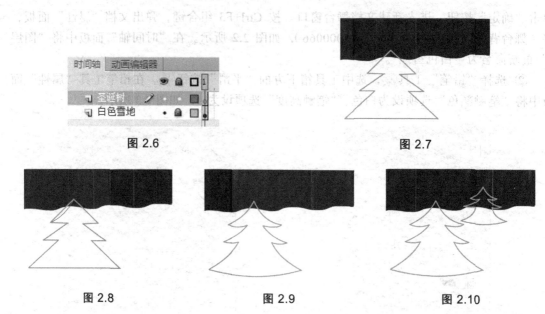

图 2.6   图 2.7

图 2.8   图 2.9   图 2.10

③ 选择"颜料桶"工具 ，在工具箱中将填充色设为绿色（#33CC66），用鼠标单击圣诞树的边线内部填充颜色，效果如图 2.11 所示。选择"椭圆"工具 ，在工具箱中将"笔触颜色"设为无，将"填充色"设为黄色（#FFFF33），如图 2.12 所示。按住 Shift 键的同时，在舞台窗口的左上方绘制出一个圆形作为月亮，效果如图 2.13 所示。

图 2.11   图 2.12   图 2.13

3. 绘制雪花

① 在"圣诞树"图层中单击"锁定／解除锁定所有图层"按钮 下方的小黑圆点，锁定"圣诞树"图层。单击"时间轴"面板下方的"插入图层"按钮 ，创建新图层并将其命名为"雪花"，如图 2.14 所示。

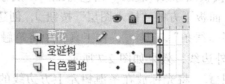

图 2.14

② 选择"刷子"工具 ，在工具箱中将填充色设为褐色（#996633），在工具箱下方的"刷子大小"选项中将笔刷设为第 6 个，将"刷子形状"选项设为圆形，如图 2.15 所示。在

舞台窗口的右侧绘制出栅栏，效果如图 2.16 所示。将填充色设为黄色（#FFFF66），在工具箱下方的"刷子大小"选项中将笔刷设为第 8 个，将"刷子形状"选项设为水平椭圆形，如图 2.17 所示。在前面的大圣诞树上绘制出一些黄色的装饰彩带，效果如图 2.18 所示。

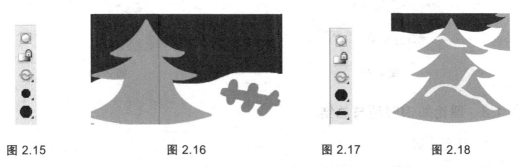

图 2.15　　　　　图 2.16　　　　　图 2.17　　　　　图 2.18

③ 在工具箱下方的"刷子大小"选项中将笔刷设为第 5 个，在后面的小圣诞树上同样绘制出彩带，效果如图 2.19 所示。选择"椭圆"工具 ，在工具箱中将笔触颜色设为无，将填充色设为白色，按住 Shift 键的同时，在场景中绘制出一个小圆形，效果如图 2.20 所示。

图 2.19　　　　　　　　　　　图 2.20

④ 按住 Alt 键，用鼠标选中圆形并向其下方拖曳，可复制当前选中的圆形，效果如图 2.21 所示。选中复制出的圆形，选择"任意变形"工具 ，在圆形的周围出现 8 个控制点，效果如图 2.22 所示。按住 Shift+Alt 组合键，用鼠标向内侧拖曳右下方的控制点，将圆形缩小，效果如图 2.23 所示。

图 2.21　　　　　　　图 2.22　　　　　　　图 2.23

⑤ 在场景中的任意地方单击，控制点消失，圆形缩小，效果如图 2.24 所示。用相同的方法复制出多个圆形并改变它们的大小，效果如图 2.25 所示。圣诞树绘制完成，按 Ctrl+Enter 组合键即可查看效果。

图 2.24

图 2.25

2.1.2　理论知识归纳与总结

1.　线条工具

① 线条工具功能：可以绘制不同颜色、宽度、线型的直线。

② 启用方法：启用"线条"工具，有以下两种方法。

¤ 单击工具箱中的"线条"工具 。

¤ 按 N 键。

【提示】选择"线条"工具时，如果按住 Shift 键的同时拖曳鼠标绘制，则限制线条只能在 45°或 45°的倍数方向绘制直线。另外要注意无法为线条工具设置填充属性。

2.　铅笔工具

① 铅笔工具功能：可以像使用真实中的铅笔一样绘制出任意的线条和形状。

② 启用方法：启用"铅笔"工具，有以下两种方法。

¤ 单击工具箱中的"铅笔"工具 。

¤ 按 Y 键。

③ 相关属性：铅笔工具有三种绘画模式，如图 2.26 所示。

¤ "直线化"选项：可以绘制直线，并将接近三角形、椭圆、圆形、矩形和正方形的形状转换为这些常见的几何形状。

图 2.26

¤ "平滑"选项：可以绘制平滑曲线。

¤ "墨水"选项：可以绘制不用修改的手绘线条。

【提示】选择"铅笔"工具时，如果按住 Shift 键的同时拖曳鼠标绘制，则可将线条限制为垂直或水平方向。

3.　椭圆工具

① 椭圆工具功能：可以绘制出不同样式的椭圆形和圆形。

② 启用方法：启用"椭圆"工具，有以下两种方法。

¤ 单击工具箱中的"椭圆"工具 。

¤ 按 O 键。

【提示】按住 Shift 键的同时绘制图形，可以绘制出圆形，效果如图 2.27 所示。

图 2.27

4. 刷子工具

① 刷子工具功能：可以像现实生活中的刷子涂色一样创建出刷子般的绘画效果，如书法效果就可使用刷子工具实现。

② 启用方法：启用"刷子"工具，有以下两种方法。

¤ 单击工具箱中的"刷子"工具 ✎。

¤ 按 B 键。

③ 相关属性：在工具箱的下方点击"刷子大小"选项、"刷子形状"选项，可以设置刷子的大小与形状。系统在工具箱的下方提供了 5 种刷子模式可供选择，如图 2.28 所示。

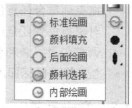

图 2.28

¤ "标准绘画"模式：画出来的图形将覆盖同一层上先前的线条和填充色。

¤ "颜料填充"模式：画出来的图形不覆盖先画的线条，只覆盖先画的填充色和空白区域，其他部分（如边框线）不受影响。

¤ "后面绘画"模式：画出来的图形不覆盖先画的线条和填充色，只覆盖空白区域。

¤ "颜料选择"模式：画出来的图形只覆盖被选中的填充色区域，即在选定的区域内进行涂色，未被选中的区域不能够涂色。

¤ "内部绘画"模式：画出来的图形只覆盖起始点所在的填充色（或空白）区域，但不影响线条。如果在空白区域中开始涂色，该填充不会影响任何现有填充区域。

应用不同模式绘制出的效果如图 2.29 所示。

图 2.29

5. 选择工具

① 选择工具作用：可以完成选择、移动、复制、调整矢量线条和色块的功能，是使用频率较高的一种工具。

② 启用方法：启用"选择"工具，有以下两种方法。

¤ 单击工具箱中的"选择"工具 ▐。

¤ 按 V 键。

③ 相关属性：选择"选择"工具，工具箱下方出现如图 2.30 所示的按钮，利用这些按钮可以完成以下工作：

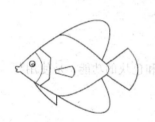

¤ "对齐对象"按钮 ⬜：自动将舞台上两个对象定位到一起，一般制作引导两层动画时可利用此按钮将关键帧的对象锁定到引导路径上。此按钮还可以将对象定位到网格上。

图 2.30

¤ "平滑"按钮 ⬜：可以柔化选择的曲线条。当选中对象时，此按钮变为可用。

¤ "伸直"按钮 ⬜：可以锐化选择的曲线条。当选中对象时，此按钮变为可用。

【提示】

¤ 选择对象　选择"选择"工具，在舞台中的对象上单击鼠标进行点选，按住 shift 键，再点选对象，可以同时选中多个对象。在舞台中拖曳出一个矩形可以框选对象。

¤ 移动和复制对象　选择"选择"工具，点选中对象，按住鼠标不放，可以直接将对象拖曳到舞台任意位置；选择"选择"工具，点选中对象，按住 Alt 键，可以将选中的对象拖曳到任意位置，并被复制。

¤ 调整矢量线条和色块　选择"选择"工具，将鼠标移至对象上，当鼠标下方出现圆弧，拖动鼠标即可对选中的线条和色块进行调整。

2.1.3　举一反三

1. 绘制热带鱼线稿

操作提示：鱼类主要由身体和鱼鳍组成，不同鱼类的主要区别也在于这几个部分。

① 首先使用"线条工具"和"选择工具"绘制热带鱼身体和鱼鳍的轮廓。

② 进行细部刻画，利用"铅笔工具"绘制热带鱼的眼睛。

③ 完成热带鱼线稿的绘制。

2. 绘制小猪热气球

操作提示：

① 使用"椭圆工具"和"线条工具"绘制图形，并对所绘制的线条进行调整。

② 绘制出小猪的耳朵、脚和尾巴等图形，并调整图层叠放顺序。

③ 使用"椭圆工具"和"线条工具"绘制出其他图形。

④ 完成小猪热气球的绘制。

图 2.31

图 2.32

2.2 图形的绘制与选择

应用绘制工具可以绘制多变的图形与路径。若要在舞台上修改图形对象，则需要先选择对象，再对其进行修改。

2.2.1 课堂案例——绘制淑女堂标志

【案例学习目标】

使用不同的绘图工具绘制标志图形。

【案例知识要点】

使用矩形工具、钢笔工具、套索工具、铅笔工具、线条工具、椭圆工具来完成标志的绘制，如图 2.33 所示。

1. 绘制标志图形

① 选择"文件>新建"命令，在弹出的"新建文档"对话框中选择"Flash 文档"选项，单击"确定"按钮，进入新建文档舞台窗口。按 Ctrl+F3 组合键，弹出文档"属性"面板，单击"大小"选项后面的按钮，在弹出的对话框中将舞台窗口的宽度设为 450 像素，高度设为 300 像素。

图 2.33

② 按 Ctrl+L 组合键，调出"库"面板。在"库"面板下方单击"新建元件"按钮，弹出"创建新元件"对话框，在"名称"选项的文本框中输入"标志"，选择"图形"选项，单击"确定"按钮，新建一个图形元件"标志"，如图 2.34 所示，舞台窗口也随之转换为图形元件的舞台窗口。

③ 将"图层 1"重新命名为"椭圆形"。选择"椭圆"工具，在工具箱中将笔触颜色设为无，填充色设为深粉色（#FB1F8D），在舞台窗口中绘制出一个椭圆形，选中图形，在形状"属性"面板中将"宽"选项设为 280，"高"选项设为 120，效果如图 2.35 所示。

图 2.34

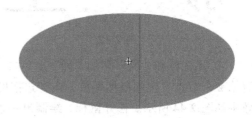

图 2.35

2. 添加并编辑文字

① 单击"时间轴"面板下方的"插入图层"按钮，创建新图层并将其命名为"文字"。选择"文本"工具。在文字"属性"面板中进行设置，在舞台窗口中输入大小为 50、字体为"方正准圆简体"的黑色文字"淑女堂"，效果如图 2.36 所示。选中文字，按 2 次 Ctrl+B 组合键，将文字打散。框选中"女、堂"2 个字，将其向右移动，将文字的间距扩大，效果如图 2.37 所示。

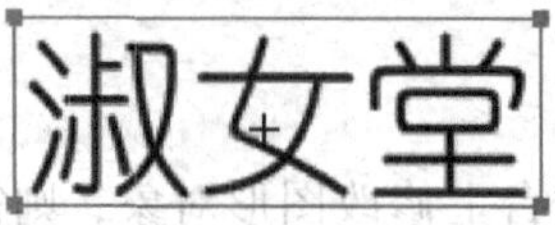

淑女堂

图 2.36

淑女堂

图 2.37

② 删除"淑"字左侧的上、下 2 个点，将中间的点向左移动一些。选择"套索"工具，圈选中"又"字右下角的笔画，如图 2.38 所示，按 Delete 键，将其删除，效果如图 2.39 所示。用"套索"工具圈选中"女"字的下半部分，如图 2.40 所示，按 Delete 键，将其删除，效果如图 2.41 所示。

叔　叔　女　女

图 2.38 　　　　　图 2.39 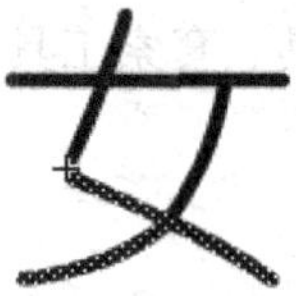　　　　　图 2.40 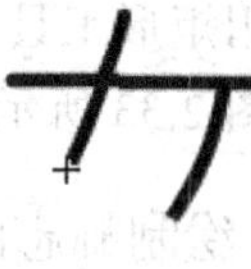　　　　　图 2.41

③ 删除文字上多余的笔画后效果如图 2.42 所示。单击"时间轴"面板下方的"插入图层"按钮，创建新图层并将其命名为"修改笔画"。选择"钢笔"工具，选择钢笔工具"属性"面板，将"笔触颜色"设为黑色，在"笔触高度"选项的数值框中输入 2.20，如图 2.43 所示。

叔女堂

图 2.42

图 2.43

④ 用鼠标在"又"字的"撇"上单击，设置起始点，在文字下方的空白处单击鼠标，设置第 2 个节点，按住鼠标不放，向旁边拖曳出控制手柄，调节控制手柄来改变路径的弯度，效果如图 2.44 所示。松开鼠标，绘制出一条曲线，再在第 2 个节点的右侧单击鼠标，设置第 3 个节点，松开鼠标，效果如图 2.45 所示。

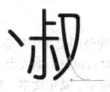
叔　　　　叔女

图 2.44 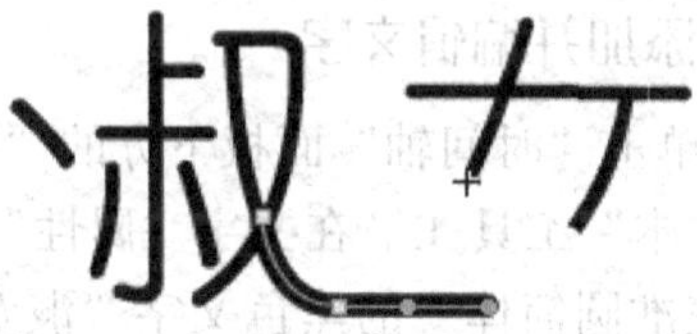　　　　　　　　　　图 2.45

⑤ 在"女"字的下方单击鼠标，设置第 4 个节点，按住鼠标不放，向旁边拖曳出控制手柄，调节控制手柄来改变路径的弯度，效果如图 2.46 所示。松开鼠标，"淑、女"2 个字被连接起来，效果如图 2.47 所示。选择"选择"工具 ，绘制曲线上的路径消失，查看绘制效果。

图 2.46   图 2.47

⑥ 选择"钢笔"工具，在"女"字的左侧的边线上单击设置起始点，再单击"堂"字下方的横线，设置第 2 个节点，按住鼠标不放，向旁边拖曳出控制手柄，调节控制手柄来改变路径的弯度，松开鼠标，绘制出一条曲线，效果如图 2.48 所示。

图 2.48

⑦ 选择"铅笔"工具 ，在工具箱下方的"选项"选项组的下拉菜单中选择"平滑"选项，如图 2.49 所示。在"女"字的左边绘制出一条弯曲的螺旋状曲线，效果如图 2.50 所示。用相同的方法在"女"字的右侧也绘制一条曲线，效果如图 2.51 所示。

图 2.49   图 2.50   图 2.51

⑧ 在"淑"字的左下方绘制一条螺旋状曲线，选择"选择"工具，将鼠标放在曲线上，拖动曲线来修改曲线的弧度，效果如图 2.52 所示。用相同的方法在"堂"字的右下方绘制螺旋状曲线，效果如图 2.53 所示。

图 2.52   图 2.53

3. 导入图形元件

① 选择"文件>导入>导入到舞台"命令，在弹出的"导入"对话框中选择"素材>绘制淑女堂标志>蝴蝶"文件，单击"打开"按钮，蝴蝶图形被导入到舞台窗口中，将蝴蝶放置在"淑"字的左上方来作为"淑"字上方的点，效果如图 2.54 所示。选中蝴蝶图形，多次按 Ctrl+B 组合键，将其打散。圈选中所有的文字图形及变形曲线，将其放置在深粉色椭圆形的中心位置，效果如图 2.55 所示。使文字图形及变形曲线保持被选中状态。

图 2.54　　　　　　　　　　　　　　　　　　　图 2.55

② 在工具箱中将"笔触颜色"设为白色，"填充色"设为白色，将文字图形及变形曲线的颜色更改为白色，如图 2.56 所示；图形效果如图 2.57 所示。取消对文字图形及变形曲线的选择。选择"文件>导入>导入到库"命令，在弹出的"导入到库"对话框中选择"素材>绘制淑女堂标志>花纹"文件，单击"打开"按钮，文件被导入到"库"面板中，如图 2.58 所示。

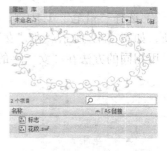

图 2.56　　　　　　　　　　　　图 2.57　　　　　　　　　　　　图 2.58

③ 单击"时间轴"面板下方的"插入图层"按钮，创建新图层并将其命名为"花纹"。选择"选择"工具，将"库"面板中的图形元件"花纹"拖曳到舞台窗口的中心位置，效果如图 2.59 所示。

图 2.59

4. 绘制背景图形

① 单击"时间轴"面板下方的"场景 1"图标 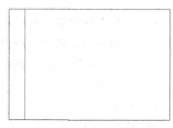，进入"场景 1"的舞台窗口。选择"矩形"工具 ⬜，在矩形工具"属性"面板中将笔触颜色设为黑色，将填充色设为无，在"笔触高度"选项的数值框中输入 1，如图 2.60 所示。

② 在舞台窗口中绘制出一个和白色背景一样大的矩形框。选择"选择"工具，圈选中矩形框，在形状"属性"面板中，将"宽"选项设为 450，"高"选项设为 300，将"X"、"Y"选项分别设为 0，如图 2.61 所示。选择"线条"工具，按住 Shift 键的同时，在矩形框中从上到下绘制出一条垂直线段，效果如图 2.62 所示。

图 2.60　　　　　　　　　图 2.61　　　　　　　　　图 2.62

③ 用相同的方法再绘制出多条垂直线段。然后选择"颜料桶"工具，在工具箱中将填充色设为淡粉色（#FDE1F0）。用鼠标单击矩形框中间的区域，每隔一个矩形框，填充上粉色，效果如图 2.63 所示。选择"选择"工具，在舞台窗口中双击任意一条黑色线段，所有的黑色线段将被选中，按 Delete 键，删除选中的黑色线段，效果如图 2.64 所示。

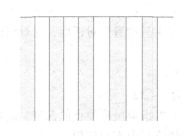

图 2.63　　　　　　　　　　　　　　　　图 2.64

④ 将"库"面板中的图形元件"标志"拖曳到舞台窗口的中心位置，效果如图 2.65 所示。按 Ctrl+T 组合键，弹出"变形"面板，点击"约束"按钮 ⊖，将"宽度"选项设为 128，"高度"选项也随之转换为 128，如图 2.66 所示，按 Enter 键，标志图形被扩大，效果如图 2.67 所示。淑女堂标志绘制完成，按 Ctrl+Enter 组合键即可查看效果。

图 2.65   图 2.66   图 2.67

2.2.2 理论知识归纳与总结

1. 矩形工具

① 矩形工具功能：可以绘制出不同样式的矩形。

② 启用方法：启用"矩形"工具，有以下两种方法。

¤ 单击工具箱中的"矩形"工具 ▢ 。

¤ 按 R 键。

【提示】

① 选择"矩形"工具，在舞台上单击鼠标，按住鼠标不放，向需要的位置拖曳鼠标，绘制出矩形图形，按住 Shift 键的同时绘制图形，可以绘制出正方形。

② 利用"矩形"工具也可以绘制圆角矩形。选择"属性"面板，在"矩形边角半径"选项的数值框中输入需要的数值，数值不同所绘制出的圆角矩形也相对地不同。

2. 多角星形工具

① 多角星形工具功能：可以绘制出不同样式的多边形和星形。

② 启用方法：单击工具箱中的"多角星形"工具 ◯ 。

③ 相关属性：单击面板右侧的"选项"按钮，弹出"工具设置"对话框，在对话框中可以自定义多边形的各种属性。

¤ "样式"选项：在此选项中选择绘制多边形或星形。

¤ "边数"选项：设置多边形的边数。其选取范围为 3～32。

¤ "星形顶点大小"选项：输入一个 0～1 之间的数字以指定星形顶点的深度。此数字越接近 0，创建的顶点就越深。此选项在多边形形状绘制中不起作用。

设置不同数值后，绘制出的多边形和星形也相对地不同。

3. 钢笔工具

① 钢笔工具功能：可以绘制精确的路径。如在创建直线或曲线的过程中，可以先绘制直线或曲线，再调整直线段的角度、长度以及曲线段的斜率。

② 启用方法：启用"钢笔"工具 ✒ ，有以下两种方法。

¤ 单击工具箱中的"钢笔"工具 。

¤ 按 P 键。

③ 绘制状态：在绘制线段时，"钢笔"工具的光标会产生不同的变化，其表示的含义也不同。

¤ 初始状态 ：选中钢笔工具后看到的第一个指针。在舞台上单击鼠标时将创建初始节点，它是新路径的开始。

¤ 增加节点 ：当光标变为带加号时，在线段上单击鼠标就会增加一个节点，这样有助于更精确地调整线段。

¤ 删除节点 ：当光标变为带减号时，在线段上单击节点，就会将这个节点删除。

¤ 转换节点 ：当光标变为带折线时，在线段上单击节点，就会将这个节点从曲线节点转换为直线节点。

【提示】当选择钢笔工具绘画时，若在用铅笔、刷子、线条、椭圆或矩形工具创建的对象上单击，就可以调整对象的节点，以改变这些线条的形状。

4. 部分选取工具

① 部分选取工具作用：选择"部分选取"工具 ，在对象的外边线上单击，对象上出现多个节点，拖动节点可以调整控制线的长度和斜率，从而改变对象的曲线形状。

② 启用方法：启用"部分选取"工具 ，有以下两种方法。

¤ 单击工具箱中的"部分选取"工具。

¤ 按 A 键。

③ 相关属性：在改变对象的形状时，"部分选取"工具的光标会产生不同的变化，其表示的含义也不同。

¤ 带黑色方块的光标 ：当鼠标放置在节点以外的线段上时，光标变为 时，可以移动对象到其他位置。

¤ 带白色方块的光标 ：当鼠标放置在节点上时，光标变为 时，可以移动单个的节点到其他位置。

¤ 变为小箭头的光标 ：当鼠标放置在节点调节手柄的尽头时，光标变为 时，可以调节与该节点相连的线段的弯曲度。

【提示】

在调整节点的手柄时，调整一个手柄，另一个相对的手柄也会随之发生变化。如果只想调整其中的一个手柄，按住 Alt 键，再进行调整即可。

5. 套索工具

① 套索工具作用：可以按需要在对象上选取任意一部分不规则的图形。

② 启用方法：启用"套索"工具，有以下两种方法。

¤ 单击工具箱中的"套索"工具 。

¤ 按 L 键。

③ 相关属性：在选择"套索"工具后，工具箱的下方出现如图图 2.65 所示的按钮，利用这些按钮可以完成以下工作：

图 2.65

¤ "魔术棒"按钮 ：以点选的方式选择颜色相似的位图图形或矢量色块。

☐ "魔术棒属性"按钮 ：可以用来设置魔术棒的属性，应用不同的属性魔术棒选取的图像区域大小各不相同。

☐ 多边形模式"按钮 ：可以用鼠标精确地勾画出想要选中的图像。

6. 颜料桶工具

① 颜料桶工具作用：可以修改矢量图形的填充色。

② 启用方法：启用"颜料桶"工具，有以下两种方法。

☐ 单击工具箱中的"颜料桶"工具 。

☐ 按 K 键。

③ 相关属性：

a. 系统在工具箱的下方设置了 4 种填充模式可供选择：

☐ "不封闭空隙"模式：选择此模式时，只有在完全封闭的区域颜色才能被填充。

☐ "封闭小空隙"模式：选择此模式时，当边线上存在小空隙时，允许填充颜色。

☐ "封闭中等空隙"模式：选择此模式时，当边线上存在中等空隙时，允许填充颜色。

图 2.68

☐ "封闭大空隙"模式：选择此模式时，当边线上存在大空隙时，允许填充颜色。当选择"封闭大空隙"模式时，无论空隙是小空隙还是中等空隙，也都可以填充颜色。

根据线框空隙的大小，应用不同的模式进行填充。

b. "锁定填充"按钮 ：当选择此按钮后，可以对填充颜色进行锁定，锁定后填充颜色不能被更改。若没有选择此按钮时，填充颜色可以根据需要进行变更。

2.2.3 举一反三

1. 填充热带鱼

操作提示：

① 打开已经做好的文档。

② 选择"颜料桶工具"并在"属性"面板中设置填充颜色，填充热带鱼的眼睛和鱼鳃。

③ 在"颜色"面板中设置线性渐变填充，并使用"颜料桶工具" 填充热带鱼的身体和鱼鳍。

④ 删除多余的线段。

最后效果如图 2.69 所示。

图 2.69

2. 绘制可爱星星

操作提示：

① 使用"多角星形工具"，在场景中绘制一个星形，再使用"转换锚点工具"和"部分选择工具"对其进行调整。

② 使用"椭圆工具"绘制出星星的表情。用同样的方法，绘制出另一个星星。

③ 使用"钢笔工具"绘制心形。

④ 完成可爱星星的绘制。

最后效果如图 2.70 所示。

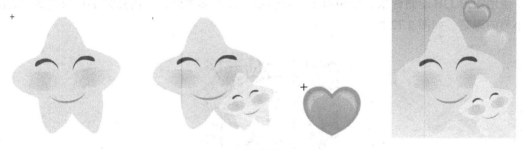

图 2.70

2.3.4 任务拓展

1. 制小松鼠

（1）任务分析

本任务中，我们将通过绘制小松鼠，让大家进一步练习前面所学的绘图和填充工具的使用方法，通过本例练习，我们主要掌握"椭圆工具"、"线条工具"、"多角星形工具"和"刷子工具"以及"颜料桶工具"在绘制图形中的应用。

（2）制作思路

首先利用"椭圆工具"绘制小松鼠头部的轮廓；然后使用"椭圆工具"、"线条工具"和"选择工具"绘制小松鼠的五官和胡须；再利用"矩形工具"、"椭圆工具"和"多角星形工具"绘制小松鼠头上的帽子；最后使用"颜料桶工具"为小松鼠填充颜色，并使用"刷子工具"绘制松鼠眼睛中的高光，如图 2.71 所示。

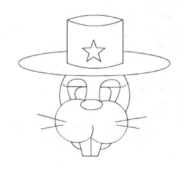 

图 2.71

2.3 图形的编辑

图形的编辑工具可以改变图形的色彩、线条、形态等属性，可以创建充满变化的图形效果。

2.3.1 课堂案例——绘制可爱小鸡

【案例学习目标】

使用图形编辑工具对图形进行编辑，并应用选择工具将其组合成图像。

【案例知识要点】

使用矩形工具绘制背景，使用铅笔工具绘制小鸡头部图形，使用椭圆工具和线条工具绘制小鸡的眼睛，如图 2.72 所示。

图 2.72

1. 绘制小鸡头部

① 选择"文件>新建"命令，在弹出的"新建文档"对话框中选择"Flash 文档"选项，按 Ctrl+F3 组合键，弹出文档"属性"面板，单击"大小"选项后面的数值按钮，将舞台的宽度设为 400 像素，高度设为 400 像素，将背景颜色设为橘黄色（#00CCFF）。

② 将"图层 1"重新命名为"背景"，选择"矩形"工具 ▢，在工具箱中将笔触颜色设为无，填充色设为红色（#FF0000），绘制出多个与舞台窗口高度相同的矩形，效果如图 2.73 所示。

图 2.73

③ 单击"时间轴"面板下方的"插入图层"按钮 ▫，创建新图层并将其命名为"头"。选择"铅笔"工具，在工具箱下方的"铅笔模式"选项组的下拉菜单中选择"平滑"选项，如图 2.74 所示。在铅笔"属性"面板中进行设置，如图 2.75 所示。在舞台窗口中绘制出头部的轮廓，如图 2.76 所示。

图 2.74

图 2.75

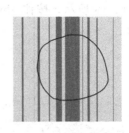

图 2.76

④ 选择"颜料桶"工具，在工具箱中将填充色设为土黄色（#BFA100），在边线内部单击鼠标填充颜色，效果如图 2.77 所示。选择"铅笔"工具，在铅笔"属性"面板中进行设置，如图 2.78 所示。用相同的方法继续绘制其他轮廓，效果如图 2.79 所示。

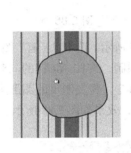

图 2.77

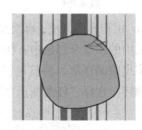

图 2.78

图 2.79

⑤ 选择"颜料桶"工具，将填充色设为黄色（#FFCC00），在工具箱的下方选中"封闭大空隙"选项，如图 2.80 所示。分别在轮廓线内部单击，如图 2.81 所示。用相同的方法将其他轮廓填充为草绿色（#CCB300）。选择"选择"工具，选中多余的边线，按 Delete 键将其删除，效果如图 2.82 所示。

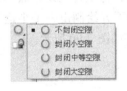

图 2.80

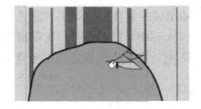

图 2.81

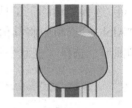

图 2.82

2. 绘制小鸡五官

① 单击"时间轴"面板下方的"插入图层"按钮，创建新图层并将其命名为"五官"。选择"椭圆"工具，在椭圆"属性"面板中将笔触颜色设为黑色，填充色设为灰色（#CCCCCC），按住 Shift 键的同时，在舞台窗口中绘制出一个圆形，效果如图 2.83 所示。

② 选择"线条"工具，分别在圆形的左侧绘制 3 条斜线，效果如图 2.84 所示。选择"椭圆"工具，将笔触颜色设为无，填充色设

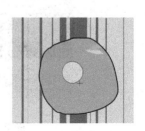

图 2.83

为黑色，选择"窗口>颜色"命令，调出"颜色"面板，在"Alpha"选项中将其值设为30%，如图2.85所示，按住Shift键的同时，在舞台窗口中绘制出一个半透明圆形，效果如图2.86所示。

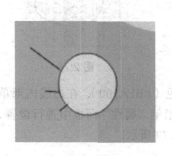
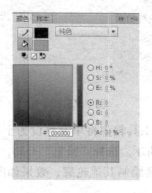

图2.84 　　　　　　　　　图2.85 　　　　　　　　　图2.86

③ 用相同的方法，再次绘制白色圆形和黑色圆形，效果如图2.87所示。选中"五官"图层，将图层中的图形全部选中，按Ctrl+G组合键，对其进行组合。选中眼睛，按住Alt键的同时，向右拖曳眼睛图形，将其进行复制。选择"修改>变形>水平翻转"命令，将复制出的图形进行水平翻转。选择"任意变形"工具 ，调整复制出的眼睛图形的大小，效果如图2.88所示。

图2.87 　　　　　　　　　　　　　　　图2.88

④ 选择"椭圆"工具，按Shift+F9组合键，调出"颜色"面板，将填充色设为黑色，在"Alpha"选项中将其值设为20%，如图289所示。在眼睛图形的下方绘制出一个半透明的椭圆形，选择"任意变形"工具 ，将其旋转到适当的角度，效果如图2.90所示。

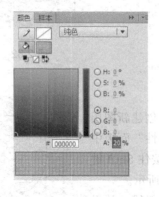

图2.89 　　　　　　　　　　　　　　　图2.90

⑤ 选择"椭圆"工具，在工具箱的下方将填充色设为黑色，在舞台窗口中绘制椭圆形，选择"任意变形"工具，将其旋转到适当的角度，并放置在刚才绘制的半透明图形的上方，效果如图 2.91 所示。选择"线条"工具，在工具箱中将"笔触颜色"设为橘红色（#FF6600）．在舞台窗口中绘制三角形边线，效果如图 2.92 所示。

⑥ 选择"选择"工具，将鼠标放置在三角形边线的下方，鼠标下方出现圆弧，这表明可以将直线转换为弧线，在直线的中心部位按住鼠标并向左下方拖曳，直线转换为弧线，效果如图 2.93 所示。用相同的方法把另两条直线转换为弧线，效果如图 2.94 所示。

图 2.91　　　　　　图 2.92　　　　图 2.93　　　　图 2.94

⑦ 选择"颜料桶"工具，在工具箱中将填充色设为橘红色（#FF6600），用鼠标单击边线内部填充颜色，效果如图 2.95 所示。选中图形，拖曳到适当的位置，小鸡的鼻子绘制完成，效果如图 2.96 所示。选择"铅笔"工具，在铅笔"属性"面板中进行设置，如图 2.97 所示。在鼻子的下方绘制出一条曲线，效果如图 2.98 所示。

图 2.95　　　　图 2.96　　　　　　图 2.97　　　　　　图 2.98

3. 绘制翅膀和脚图形

① 单击"时间轴"面板下方的"插入图层"按钮。创建新图层并将其命名为"翅膀"，如图 2.99 所示。选择"铅笔"工具，将笔触颜色设为棕色（#7F0000），用相同的方法绘制出翅膀的边线效果，如图 2.100 所示。

② 选择"颜料桶"工具，将"填充色"设为黄色（#FFCC00），在翅膀的边线内部单击鼠标填充颜色，效果如图 2.101 所示。

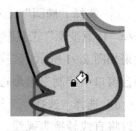

图 2.99　　　　　　　　　图 2.100　　　　　　　　　图 2.101

③ 选择"橡皮擦"工具，在工具箱下方的"擦除模式"选项中选择"擦除线条"，如图 2.102 所示。擦除翅膀图形多余的边线，如图 2.103 所示，擦除图形的线条部分，不影响填充部分，效果如图 2.104 所示。跟据上面的绘制方法绘制翅膀图形的高光部分，先绘制图形边线，填充图形边线内部为浅黄色（#FFFF75），选择"选择"工具，选中多余的边线后进行删除，效果如图 2.105 所示。

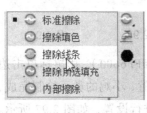

图 2.102　　　　　　图 2.103　　　　　　图 2.104　　　　　　图 2.105

④ 单击"时间轴"面板下方的"插入图层"按钮，创建新图层并将其命名为"脚"。选择"椭圆"工具，在其"属性"面板中将"笔触颜色"设为棕色（#7F0000），"填充颜色"设为黄色（#FFCC00），如图 2.106 所示。在舞台窗口中分别绘制 3 个椭圆形，选择"任意变形"工具，分别调整图形到适当的位置，效果如图 2.107 所示。

图 2.106　　　　　　　　　　　　图 2.107

⑤ 在"时间轴"面板中，拖曳"脚"图层到"头"图层的下方，如图 2.108 所示，舞台窗口中的效果如图 2.109 所示。

图 2.108　　　　　　　　　　　　　　图 2.109

4. 绘制云彩图形并添加文字

① 选择"椭圆"工具，选择椭圆工具"属性"面板，将笔触颜色设为黑色，将填充色设为无，在"笔触高度"选项的数值框中输入 3。按住 Shift 键的同时，在舞台窗口中绘制出一个圆环，如图 2.110 所示。

② 选择"椭圆"工具，将笔触颜色设为无，填充色设为白色，按住 Shift 键的同时，在黑色圆环的上方绘制出一个白色圆形，效果如图 2.111 所示。

图 2.110　　　　　　　　　　　　　　图 2.111

用相同的方法绘制出如图 2.112 所示图形，然后选中图形内部的曲线，制作出如图 2.113 所示的云彩效果。

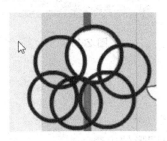

图 2.112　　　　　　　　　　　　　　图 2.113

将云彩图形全部选中，按 Ctrl+G 组合键，对其进行组合。按住 Alt 键的同时，向右拖曳云彩图形，将其进行复制，并调整复制出的图形的大小，效果如图 2.114 所示。

③ 单击"时间轴"面板下方的"插入图层"按钮 ，创建新图层并将其命名为"文字"。选择"文本"工具 ，在文字"属性"面板中将文字字体设为"文鼎霹雳体"，文字大小设置为 94，文字颜色设置为黑色。在舞台窗口中输入需要的黑色字母 WOW，效果如图 2.115 所示。

图 2.114

图 2.115

④ 选中字母，按 Ctrl+B 组合键将其分离 2.116 所示。选择"任意变形"工具，分别调整字母到适当的角度，效果如图 2.117 所示。

图 2.116

图 2.117

⑤ 将三个字母全部选中，选择"窗口>变形"命令，调出"变形"面板，单击"复制并应用变形"按钮 🖾，复制文字，选择文字"属性"面板，将文本颜色设为黄色（#FFCC00），选择"任意变形"工具 🖾，调整复制出的文字大小，效果如图 2.118 所示。可爱小鸡的效果绘制完成，按 Ctrl +Enter 组合键，即可查看效果，如图 2.119 所示。

图 2.118

图 2.119

2.3.2 理论知识归纳与总结

1. 墨水瓶工具

① 墨水瓶工具作用：使用墨水瓶工具可以修改矢量图形的边线。

② 启用方法：启用"墨水瓶"工具，有以下两种方法。

▢ 单击工具箱中的"墨水瓶"工具 🖾。

▢ 按 S 键。

2. 滴管工具

① 滴管工具作用：可以吸取矢量图形的线型和色彩、位图图像以及文字属性，然后利用

颜料桶工具，可以快速修改其他矢量图形内部的填充色。利用墨水瓶工具，可以快速修改其他矢量图形的边框颜色及线型。

② 启用方法：启用"滴管"工具，有以下两种方法。

¤ 单击工具箱中的"滴管"工具🖊。

¤ 按 I 键。

3. 橡皮擦工具

① 橡皮擦工具作用：用于擦除舞台上无用的矢量图形边框和填充色。

② 启用方法：启用"橡皮擦"工具，有以下两种方法。

¤ 单击工具箱中的"橡皮擦"工具🖊。

¤ 按 E 键。

③ 相关属性：如果想得到特殊的擦除效果，系统在工具箱的下方设置了 5 种擦除模式可供选择，如图 2.120 所示。

图 2.120

¤ "标准擦除"模式：擦除同一图层上的线条和填充。

¤ "擦除填色"模式：仅擦除填充区域，其他部分（如边框线）不受影响。

¤ "擦除线条"模式：仅擦除图形的线条部分，但不影响其填充部分。

¤ "擦除所选填充"模式：仅擦除已经选择的填充部分，但不影响其他未被选择的部分。(如果场景中没有任何填充被选择,那么擦除命令无效。)

¤ "内部擦除"模式：仅擦除起点所在的填充区域部分，但不影响线条填充区域外的部分。擦除效果如图 2.121 所示。

原图　　标准擦除　　擦除填充　　擦除线条　　擦除所选填充　　内部擦除

图 2.121

【提示】

¤ 要想快速删除舞台上的所有对象，双击"橡皮擦"工具即可。

¤ 要想删除矢量图形上的线段或填充区域，可以选择"橡皮擦"工具，再选中工具箱中的"水龙头"按钮🚰，然后单击舞台上想要删除的线段或填充区域即可。

¤ 因为导入的位图和文字不是矢量图形，不能擦除它们的部分或全部，所以，必须先选择"修改>分离"命令或用 Ctrl+B 快捷键将它们分离成矢量图形，才能使用橡皮擦工具擦除它们的部分或全部。

4. 任意变形具

① 任意变形具功能：是 Flash 中使用最多的编辑工具之一，利用它可以旋转、倾斜、缩

放和扭曲对象，还可以通过编辑封套来对对象的形状进行调整。

② 启用方法：启用"任意变形"工具，有以下两种方法。

¤ 单击工具箱中的"任意变形"工具▨。

¤ 按 Q 键。

③ 相关属性：选中图形，按 Ctrl+B 组合键，将其打散。选择"任意变形"工具，将会在图形的周围出现控制点，拖动控制点改变图形的大小、显示比例及旋转角度。

在工具箱的下方系统设置了 4 种变形模式可供选择，如图 2.122 所示。

图 2.122

¤ "旋转与倾斜"模式⤵：选中图形，选择"旋转与倾斜"模式，将鼠标放在图形上方中间的控制点上，当光标变为 ⇆，按住鼠标不放，向左、右水平拖曳控制点，图形变为倾斜，如图 2.123 所示。

 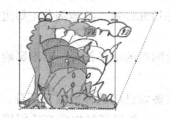 

图 2.123

¤ "缩放"模式▨：选中图形，选择"缩放"模式，将鼠标放在图形右上方的控制点上，当光标变为 ↖，按住鼠标不放拖曳控制点，图形将变大或变小，如图 2.124 所示。

图 2.124

¤ "扭曲"模式▱：选中图形，选择"扭曲"模式，将鼠标放在图形右上方的控制点上，光标变为▷，按住鼠标不放，向右上方拖曳控制点，图形将被扭曲，如图 2.125 所示。

图 2.125

¤ "封套"模式 ：选中图形，选择"封套"模式，图形周围出现一些节点，调节这些节点来改变图形的形状，光标变为 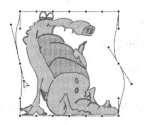，拖动节点，图形将发生扭曲变化，如图 2.126 所示。

图 2.126

5. 渐变变形工具

① 渐变变形工具作用：使用渐变变形工具可以改变选中图形中的填充渐变效果。

② 启用方式：启用"渐变变形"工具，有以下两种方法：

¤ 单击工具箱中的"渐变变形"工具 ▢。

¤ 按 F 键。

③ 相关属性：

当图形填充色为线性渐变色时，选择"渐变变形"工具将会出现 3 个控制点和 2 条平行线，如图 2.127 所示。拖动方形控制点 ▣，渐变区域的宽度将发生改变；拖动旋转控制点 ↻，将改变渐变区域的角度；拖动中间的圆形控制点 ⬚，将改变填充色的中心位置。

当图形填充色为径向渐变色时，选择"渐变变形"工具将会出现 4 个控制点和 1 个圆形外框，如图 2.128 所示。拖动中间的圆形控制点 ⬚，改变径向渐变填充色的中心位置；在中心圆点上方，有个倒立的三角形 ▼，用鼠标移动这个三角形可以改变径向渐变的中心填充区域；拖动方形控制点 ▣，渐变区域的宽度将发生改变；方形控制点下方的圆点，即有个指向右下方的黑色箭头的圆点 ⬦，可以整体缩放径向渐变的范围；最下面的圆点，即有个黑色正三角形的圆点 ⬦，可以对径向渐变进行旋转。

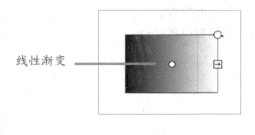

线性渐变

图 2.127

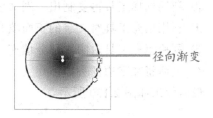

径向渐变

图 2.128

6. 手形工具和缩放工具

① 功能：手形工具和缩放工具都是辅助工具，它们本身并不直接创建和修改图形，而只是在创建和修改图形的过程中辅助用户进行操作。

② 启用方式：启用"手形"工具，有以下两种方法。

¤ 单击工具箱中的"手形"工具 。

¤ 按 H 键。

【提示】

a. 在绘图过程中，无论使用什么工具，只要按住键盘中的空格键，将自动切换到手形工具。启用"缩放"工具 ，有以下两种方法：

¤ 单击工具箱中的"缩放"工具 。

¤ 按 Z 键。

b. 使用缩放工具时，要想放大图像中的局部区域，可在图像上拖曳出一个矩形选取框，松开鼠标后，所选取的局部图像被放大；如果想缩小图像，在使用缩放工具的时候按住键盘上的 Alt 键。

2.3.3 举一反三

1. 利用"滴管工具"填充易拉罐

操作提示：

① 首先打开已经做好的 flash 文档。

② 然后使用"滴管工具"采样渐变色，并为易拉罐的罐顶、罐身和罐底填充渐变色。

③ 使用"滴管工具"采样位图，并对罐身上的商标区域填充位图。

④ 最后使用"渐变变形工具"调整位图填充的大小和位置。

最后效果如图 2.129 所示。

图 2.129

2. 利用墨水瓶工具制作立体文字

操作提示：

① 使用文本工具输入相应的文字，并将其打散分离成矢量图形。

② 利用墨水瓶工具对文字进行描边。

③ 利用选择工具再复制出一副文字边框，并放到合适的位置。

④ 利用填充工具对文字的正面填充线形渐变色并进行相应调整；

⑤ 利用填充工具对阴影部分填充。

⑥ 最后将文字边框去掉。

最后效果如图 2.130 所示。

图 2.130

2.3.4　任务拓展

1. 风车与向日葵

【任务分析】

本任务中，我们将通过绘制风车与向日葵，让大家进一步练习前面所学的各种绘图工具、任意变形工具的使用方法，效果如图 2.131 所示。

图 2.131

【制作思路】

（1）向日葵背景的绘制

首先使用"矩形工具"绘制土地和天空；然后新建一个图层，使用"线条工具"和"选择工具"在新图层上（这样做的目的是为了使图形之间不受干扰）绘制向日葵的叶和茎；接着使用"椭圆工具"绘制椭圆，并利用"任意变形工具"和"变形"面板对椭圆进行复制变形操作，制作向日葵花；再将向日葵花转换为影片剪辑。最后将向日葵花移动到叶和茎的上方，并进行群组和复制。

（2）风车的绘制

首先利用"线条工具"和"选择工具"绘制风车的底座；然后为其填充颜色，并将其群组；接着新建图层，并使用"矩形工具"和"线条工具"在新图层上绘制扇叶图形，再利用"变形"面板将扇叶图形旋转复制一份；最后在扇叶图形的中心绘制旋转轴。

2.4　图形的色彩

根据设计的要求，可以应用纯色编辑面板、颜色面板、样本面板来设置所需要的纯色、渐变色、颜色样本等。

2.4.1　课堂案例——绘制水晶按钮

【案例学习目标】

使用绘图工具绘制图形，使用浮动面板设置图形的颜色。

【案例知识要点】

使用椭圆工具、颜色面板、柔化填充边缘命令、颜料桶工具来完成水晶按钮的绘制，如图 2.132 所示。

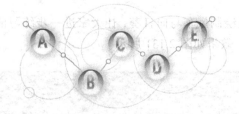

图 2.132

1. 绘制按钮元件

① 选择"文件>新建"命令，在弹出的"新建文档"对话框中选择"Flash 文档"选项，单击"确定"按钮，进入新建文档舞台窗口。调出"库"面板，在"库"面板下方单击"新建元件"按钮，弹出"创建新元件"对话框，在"名称"选项的文本框中输入"按钮 A"，"类型"选项中选择"图形"选项，单击"确定"按钮，新建一个图形元件"按钮 A"，如图 2.133 所示，舞台窗口也随之转换为图形元件的舞台窗口。

② 选择"椭圆"工具，在工具箱中将"笔触颜色"设为无，"填充色"设为灰色，按住 Shift 键的同时在舞台窗口中绘制一个圆形。选中圆形，在形状"属性"面板中将图形的"宽"、"高"选项分别设为 65，效果如图 2.134 所示。选择"窗口>颜色"命令，弹出"颜色"面板，在"填充样式"选项的下拉列表中选择"径向"渐变，选中色带上左侧的色块，将其设为白色，在"Alpha"选项中将其不透明度设为 0%，如图 2.135 所示。选中色带上右侧的色块，将其设为紫色（#53075F），如图 2.136 所示。

图 2.133

图 2.134

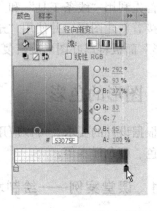

图 2.135   图 2.136

③ 选择"颜料桶"工具，在圆形的下方单击鼠标，将渐变色填充到图形中，效果如图 2.137 所示。选择"椭圆"工具，在工具箱中将"笔触颜色"设为无，"填充颜色"设为淡紫色（#DEC7E4）。按住 Shift 键的同时，在舞台窗口中绘制出第 2 个圆形，选中圆形，在形状"属性"面板中将图形的"宽"、"高"选项分别设为 65，效果如图 2.138 所示。

图 2.137　　　　　　　　　　　　　　　图 2.138

④ 选中圆形，选择"修改>形状>柔化填充边缘"命令，弹出"柔化填充边缘"对话框，将"距离"选项设为 30 像素，"步长数"选项设为 30，点选"扩展"选项，如图 2.139 所示，单击"确定"按钮，效果如图 2.140 所示。将制作好的渐变图形拖曳到柔化边缘图形的上方，效果如图 2.141 所示。

图 2.139　　　　　　　　　图 2.140　　　　　　　图 2.141

⑤ 选择"文本"工具 **T**，在文字"属性"面板中进行设置，在舞台窗口中输入"大小"为 50，"字体"为"文鼎霹雳体"的深紫色（#4D004D）字母"A"，效果如图 2.142 所示。在文档"属性"面板中将"背景颜色"设为灰色（这里改为灰色背景以便于下一步制作透明图形）。选择"椭圆"工具，在工具箱中将"笔触颜色"设为无，"填充颜色"设为白色，在舞台窗口中绘制出一个椭圆形，效果如图 2.143 所示。

图 2.142　　　　　　　　　　　　　　图 2.143

⑥ 选择"窗口>颜色"命令，弹出"颜色"面板，在"填充样式"选项的下拉列表中选择"线性"，选中色带上左侧的色块，将其设为白色，在"Alpha"选项中将其不透明度设为 0%。选中色带上右侧的色块，将其设为白色，如图 2.144 所示。单击"颜色"面板右上方的

按钮，在弹出的菜单中选择"添加样本"命令，将设置好的渐变色添加为样本，如图 2.145 所示。

图 2.144   图 2.145

⑦ 选择"颜料桶"工具，按住 Shift 键的同时，在椭圆形中由上向下拖曳渐变色，如图 2.146 所示，松开鼠标后，渐变图形效果如图 2.147 所示。选中渐变图形，按 Ctrl+G 组合键，对其进行组合。选择"椭圆"工具，再绘制一个白色的椭圆形，效果如图 2.148 所示。在工具箱中单击"填充颜色"按钮，弹出纯色面板，在面板下方选择刚才添加的渐变色样本，光标变为吸管，如图 2.149 所示。

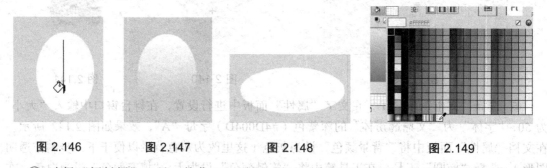

图 2.146   图 2.147   图 2.148   图 2.149

⑧ 选择"颜料桶"工具，按住 Shift 键的同时，在椭圆形中由上向下拖曳渐变色，如图 2.150 所示，松开鼠标后，渐变图形效果如图 2.151 所示。选中渐变图形，按 Ctrl +G 组合键，将其进行组合。

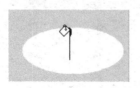   

图 2.150   图 2.151

⑨ 将制作的第 1 个椭圆形放置在字母"A"的上半部，并调整图形的大小，效果如图 2.152 所示。将制作的第 2 个椭圆形放置在字母"A"的下半部，并调整图形的大小，效果如图 2.153 所示。在文档"属性"面板中将背景颜色恢复为白色，按钮制作完成，效果如图 2.154 所示。

图 2.152　　　　　　　图 2.153　　　　　　　图 2.154

2. 添加并编辑元件

① 用相同的方法再制作出按钮元件"按钮 B"、"按钮 C"、"按钮 D"、"按钮 E",如图 2.155 所示。选择"文件>导入>导入到库"命令,在弹出的"导入到库"对话框中选择"素材>绘制水晶按钮>底图"文件,单击"打开"按钮,文件被导入到"库"面板中,如图 2.156 所示。

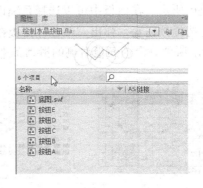

图 2.155　　　　　　　　　　　　　　　图 2.156

② 单击"时间轴"面板下方的"场景 1"图标 <icon>场景1</icon>,进入"场景 1"的舞台窗口。选择"选择"工具,将"库"面板中的图形元件"底图"拖曳到舞台窗口的中心位置,效果如图 2.157 所示,并将"图层 1"重新命名为"底图"。

图 2.157

③ 单击"时间轴"面板下方的"插入图层"按钮 <icon>,创建新图层并将其命名为"按钮",如图 2.158 所示。将"库"面板中的按钮元件"按钮 A"、"按钮 B"、"按钮 C"、"按钮 D"、"按钮 E"拖曳到舞台窗口中,并分别放置在合适的位置,效果如图 2.159。透明按钮绘制完成,按 Ctrl+Enter 组合键即可查看效果。

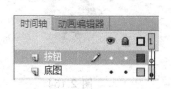

图 2.158

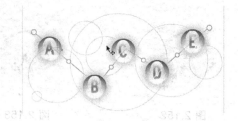

图 2.159

2.4.2 理论知识归纳与总结

1. 纯色编辑面板

① 纯色面板功能：可以选择系统设置的颜色，也可根据需要自行设定颜色。

② 使用方法：在工具箱的下方单击"填充颜色"按钮，弹出"颜色样本"面板，如图 2.160 所示。在面板中可以选择系统设置好的颜色，如想自行设定颜色，单击面板右上方的颜色选择按钮，弹出"颜色"面板在面板右侧的颜色选择区中选择要自定义的颜色，如图 2.161 所示。滑动面板右侧的滑动条来设定颜色的亮度，如图 2.162 所示。

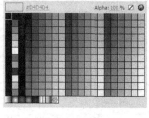

图 2.160

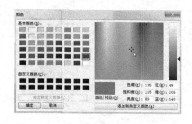

图 2.161

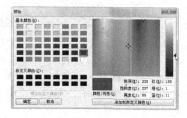

图 2.162

2. 颜色面板

① 颜色面板功能：可以设定纯色、渐变色以及颜色的不透明度。

② 使用方法：选择"窗口>颜色"命令，弹出"颜色"面板。

（1）自定义纯色

在"颜色"面板的"类型"选项中，选择"纯色"选项，面板效果如图 2.163 所示。

"笔触颜色"按钮：可以设定矢量线条的颜色。

"填充色"按钮：可以设定填充色的颜色。

"黑白"按钮：单击此按钮，线条与填充色恢复为系统默认的状态。

"没有颜色"按钮：用于取消矢量线条或填充色块的颜色。当选择"椭圆"工具或"矩形"工具时，此按钮为可用状态。

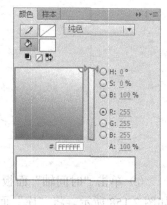

图 2.163

"交换颜色"按钮：单击此按钮，可以将线条颜色和填充色颜色相互切换。

"Alpha"选项：用于设定颜色的不透明度，数值选取范围为 0～100。

（2）自定义线性渐变色

在"颜色"面板的"类型"选项中选择"线性"渐变选项，面板效果如图 2.164 所示。将鼠标放置在滑动色带上，光标变为 ，在色带上单击鼠标增加颜色控制点，并在面板下方为新增加的控制点设定颜色及明度，如图 2.165 所示。当要删除控制点时，只需将控制点向色带下方拖曳。

图 2.164

图 2.165

（3）自定义径向渐变色

在"颜色"面板的"类型"选项中选择"径向"渐变选项，面板效果如图 2.166 所示。用与定义线性渐变色相同的方法在色带上定义径向渐变色，定义完成后，在面板的左下方显示出定义的渐变色，如图 2.167 所示。

图 2.166

图 2.167

（4）自定义位图填充

在"颜色"面板的"类型"选项中，选择"位图"填充选项，如图 2.168 所示。弹出"导入到库"对话框，在对话框中选择要导入的图片，如图 2.169 所示。

图 2.168

图 2.169

单击"打开"按钮，图片被导入到"颜色"面板中，如图 2.170 所示。选择"矩形"工具，在场景中绘制出一个矩形，矩形被刚才导入的位图所填充，如图 2.171 所示。

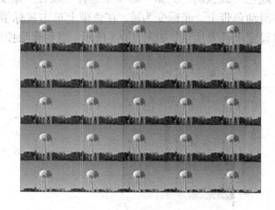

图 2.1701   图 2.171

选择"渐变变形"工具 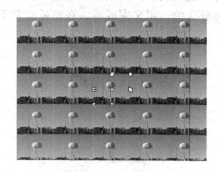，在填充位图上单击，出现控制点如图 2.172 所示。调整控制点可以调整填充位图的角度及图像填充大小，如图 2.173 所示。

图 2.172   图 2.173

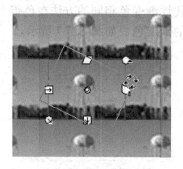

【课后练习】

1. 绘制草原风景画

【练习知识要点】使用铅笔工具绘制草地，使用任意变形工具改变图形的大小，使用柔化填充边缘命令制作太阳效果，如图 2.174 所示。

2. 绘制透明按钮

【练习知识要点】使用颜色面板和椭圆工具绘制按钮效果。使用选择工具和多边形工具制作按钮高光效果，如图 2.175 所示。

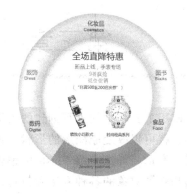

图 2.174　　　　　　　　　　　　　　　　图 2.175

3．绘制花店标志

【练习知识要点】使用选择工具和套索工具删除笔画，使用钢笔工具和画笔工具绘制曲线和螺旋效果，使用变形面板制作图形旋转效果，使用椭圆工具绘制椭圆形制作底图效果，如图 2.176 所示。

4．绘制搜索栏

【练习知识要点】使用矩形工具绘制图形，使用变形面板旋转图形角度，使用钢笔工具绘制多边形，使用颜色面板填充渐变，使用文字工具输入文字，效果如图 2.177 所示。

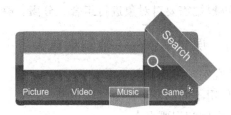

图 2.176　　　　　　　　　　　　　　　　图 2.177

第三章　对象的编辑与修饰

　　使用工具栏中的工具创建的矢量图形相对来说比较单调，如果能结合修改菜单命令修改图形，就可以改变原图形的形状、线条等，并且可以将多个图形组合起来达到所需的图形效果。本章将详细介绍 Flash 的编辑、修饰对象等功能。通过对本章的学习，大家可以掌握编辑和修饰对象的各种方法和技巧，并能根据具体操作特点，灵活地应用。

【课堂学习目标】

　　1. 对象的变形与操作。
　　2. 对象的修饰。
　　3. 对齐面板与变形面板的使用。

3.1　对象的变形与操作

　　应用变形命令可以对选择的对象进行变形修改，如扭曲、缩放、倾斜、旋转和封套等。还可以根据需要对对象进行组合、分离、叠放、对齐等一系列操作，从而达到制作的要求。

3.1.1　课堂案例——绘制稻草人

【案例学习目标】
　　使用不同的变形命令编辑图形。

【案例知识要点】
　　使用铅笔工具绘制山地图形和草地图形，使用缩放命令、旋转与倾斜命令、翻转命令编辑图形，使用任意变形工具改变图形形状，如图 3.1 所示。

图 3.1

1. 绘制山和草地图形

① 选择"文件>新建"命令，在弹出的"新建文档"对话框中选择"Flash 文档"选项，单击"确定"按钮，进入新建文档舞台窗口。按 Ctrl+F3 组合键，弹出文档"属性"面板，将"背景颜色"设为天蓝色（#00CCFF），效果如图 3.2 所示。将"图层 1"重新命名为"山"，如图 3.3 所示。

图 3.2　　　　　　　　　　　　图 3.3

② 选择"铅笔"工具 ，在工具箱下方的"铅笔模式"选项组的下拉菜单中选择"平滑"选项，如图 3.4 所示。在铅笔工具"属性"面板中，将"笔触颜色"设为黑色，"笔触高度"选项设为 1，绘制出山的轮廓，效果如图 3.5 所示。

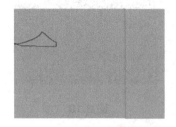

图 3.4　　　　　　　　　　　　图 3.5

③ 选择"颜料桶"工具 ，在工具箱中将"填充色"设为青色（#7BBACE），在闭合的路径内单击鼠标填充颜色，选择"选择"工具 ，单击外边线，将其选中，按 Delete 键，将边线删除，效果如图 3.6 所示。用相同的方法，应用"铅笔"工具，继续绘制出 2 个山图形，分别填充绿色（#8CC78C）和草绿色（#B5CF4A），并删除边线，效果如图 3.7 所示。

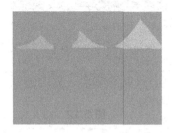

图 3.6　　　　　　　　　　　　图 3.7

④ 单击"时间轴"面板下方的"插入图层"按钮 ，创建新图层并将其命名为"草地"，选择"铅笔"工具，绘制出如图 3.8 所示的草地轮廓。

⑤ 选择"窗口>颜色"命令，弹出"颜色"面板，在"类型"选项的下拉列表中选择"线

性"，选中色带上左侧的色块，将其设为黄色（#F7CF39），选中色带上右侧的色块，将其设为暗黄色（#D3AAOA），如图 3.9 所示。

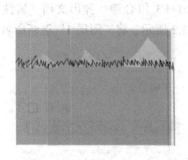

图 3.8　　　　　　　　　　　　　　　　图 3.9

⑥ 选择"颜料桶"工具，按住 Shift 键的同时，在草地轮廓中从上向下拖曳渐变色，如图 3.10 所示，松开鼠标后，渐变色被填充。选择"选择"工具，单击草地轮廓将其选中，按 Delete 键，将轮廓线删除，效果如图 3.11 所示。

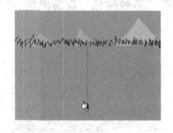

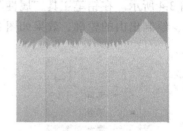

图 3.10　　　　　　　　　　　　　　　　图 3.11

⑦ 选择"选择"工具，选中渐变色的草地图形，按 Ctrl+G 组合键将图形组合。按住 Alt 键的同时，向左下方拖曳草地图形，对其进行复制，效果如图 3.12 所示。用相同的方法再次复制图形，按 Ctrl+B 组合键，将图形分离，并将其颜色设为黄色（#FFD339），再按 Ctrl+G 组合键，将图形组合，效果如图 3.13 所示。

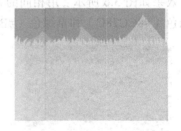

图 3.12　　　　　　　　　　　　　　　　图 3.13

2. 绘制云图形

① 单击"时间轴"面板下方的"插入图层"按钮，创建新图层并将其命名为"云"。选择"铅笔"工具，绘制出云的轮廓，如图 3.14 所示。将云的轮廓内部填充为白色，选择"颜色"面板，在"Alpha"选项中将其不透明度设为 80%，如图 3.15 所示。将云图形的轮廓线

删除，效果如图 3.16 所示。

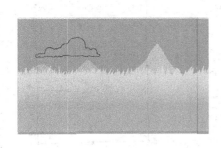

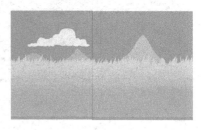

图 3.14   图 3.15   图 3.16

② 选中云图形，按 Ctrl+G 组合键，将图形组合，按 Ctrl+T 组合键，弹出"变形"面板，在对话框中进行设置，单击"复制并应用变形"按钮 ，如图 3.17 所示，复制出一个新的云图形，效果如图 3.18 所示。用相同的方法再次复制云图形，改变它们的大小并拖曳到适当的位置，效果如图 3.19 所示。

图 3.17   图 3.18

③ 选中较小的云图形，选择"修改>变形>水平翻转"命令，将图形水平翻转，效果如图 3.20 所示。

图 3.19   图 3.20

3. 制作稻草人并绘制路图形

① 选择"文件>导入>导入到库"命令，在弹出的"导入到库"对话框中选择"素材>绘制稻草人>稻草人"文件，单击"打开"按钮，文件被导入到"库"面板中，如图 3.21 所示。单击"时间轴"面板下方的"场景 1"图标 ，进入"场景 1"的舞台窗口。将"库"面板中的图形元件"稻草人"拖曳到舞台窗口中，如图 3.22 所示。

② 选择"稻草人"实例，选择"修改>变形>旋转与倾斜"命令，在当前选择的图形上

出现控制点。将中心控制点拖曳到控制框的下方中间位置，如图 3.23 所示。

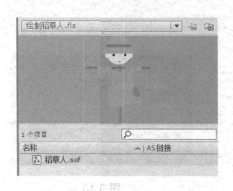

图 3.21　　　　　　　　　　图 3.22　　　　　　　　　　图 3.23

③ 拖动控制点旋转图形，选择"选择"工具，效果如图 3.24 所示。选择"铅笔"工具，将笔触颜色设为黑色，在舞台窗口中绘制出路的边线效果，如图 3.25 所示。选择"颜料桶"工具，在工具箱中将"填充颜色"设为乳白色（#FDF3D6），在路的边线内部单击鼠标填充颜色，将路的边线删除，效果如图 3.26 所示。

图 3.24　　　　　　　　　　图 3.25　　　　　　　　　　图 3.26

4. 导入素材图形

① 单击"时间轴"面板下方的"插入图层"按钮，创建新图层并将其命名为"素材"。按 Ctrl+R 组合键，在弹出的"导入"对话框中选择"素材>绘制稻草人>蜻蜓"文件，单击"打开"按钮，图形被导入到舞台窗口中，并将其拖曳到适当的位置，效果如图 3.27 所示。

② 选中蜻蜓图形，选择"修改>变形>缩放"命令，在当前选择的图形上出现控制点。用鼠标拖动控制点可成比例地改变图形的大小。选择"修改>变形>旋转与倾斜"命令，在当前选择的图形上出现控制点。用鼠标拖动中间的控制点倾斜图形，拖动 4 角的控制点旋转图形，调整到合适大小和角度即可，效果如图 3.28 所示。

图 3.27　　　　　　　　　　　　图 3.28

③ 按住 Alt 健的同时，复制图形并将其拖曳到适当的位置，选择"修改>变形>旋转与倾斜"命令，在当前选择的图形上出现控制点。用鼠标拖动中间的控制点倾斜图形，拖动 4 角的控制点旋转图形，选择"修改>变形>水平翻转"命令，可以将图形进行翻转，效果如图 3.29 所示。

④ 按 Ctrl+R 组合键，在弹出的"导入"对话框中选择"素材>绘制稻草人>枫叶"文件，单击"打开"按钮，图形被导入到舞台窗口中，将枫叶图形拖曳到适当的位置。然后选中枫叶图形，按 F8 键，弹出"转换为元件"对话框，在对话框中选择类型为图形，名称为枫叶，如图 3.30 所示，单击"确定"按钮，将枫叶图形转换为图形元件。

图 3.29　　　　　　　　　　　　　　　　　　图 3.30

⑤ 选中"枫叶"实例，在"变形"面板中进行设置，单击"复制并应用变形"按钮，如图 3.31 所示，复制出一个枫叶图形，并将其放置在第一个枫叶的上方。选择图形"属性"面板，在"色彩效果-样式"选项的下拉列表中选择"高级"选项，在下方出现的对话框中进行设置，如图 3.32 所示，单击"确定"按钮，褐色枫叶的效果如图 3.33 所示。

图 3.31　　　　　　　　　图 3.32　　　　　　　　　图 3.33

⑥ 同上，选中"枫叶"实例，在"变形"面板中将"旋转角度"设置为30度，单击"复制并应用变形"按钮，将复制出一个枫叶图形，将其拖曳到舞台的适当位置。并在图形"属性"面板中，在"色彩效果-样式"选项的下拉列表中选择"高级"选项，在下方出现的对话框中进行设置，如图 3.34 所示。

⑦ 再次选中"枫叶"实例，在"变形"面板中将"旋转角度"设置为-28.5度，单击"复制并应用变形" 按钮，将复制出一个枫叶图形，将其拖曳到舞台的适当位置。并在图形"属

性"面板中,在"色彩效果-样式"选项的下拉列表中选择"高级"选项,在下方出现的对话框中进行设置,如图 3.35 所示。按 Ctrl+Shift+↓组合键,将其移至底层,绿色枫叶的效果如图 3.36 所示。

图 3.34 图 3.35 图 3.36

5. 绘制草图形

① 在"库"面板下方单击"新建元件"按钮 ,弹出"创建新元件"对话框,在对话框中进行设置,如图 3.37 所示,单击"确定"按钮,新建一个图形元件"草",舞台窗口也随之转换为图形元件的舞台窗口。

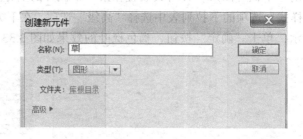

图 3.37

② 选择"钢笔"工具,在工具箱中将"笔触颜色"设为黑色,在舞台窗口中绘制出一个草的轮廓,如图 3.38 所示。选择"颜料桶"工具,将"填充颜色"设为褐色(#DE9639),在草的轮廓内部单击鼠标填充颜色,将草的轮廓线删除,效果如图 3.39 所示。

③ 单击"时间轴"面板下方的"场景 1"图标 ,进入"场景 1"舞台窗口。单击"时间轴"面板下方的"插入图层"按钮 ,创建新图层并将其命名为"草"。然后将"库"面板中的图形元件"草"拖曳到舞台窗口中,如图 3.40 所示。

④ 选择"选择"工具,选中"草"实例,按住 Alt 健的同时,复制草图形并拖曳到适当的位置。选择图形"属性"面板,在"色彩效果-样式"选项的下拉列表中选择"色调"选项,将颜色设为绿色(#639A00)。选择"修改>变形>旋转与倾斜"命令,对当前选择的草的图形进行适当的角度调整,效果如图 3.41 所示。

图 3.38　　　　　　　图 3.39　　　　　　　图 3.40　　　　　　　图 3.41

⑤ 使用相同的方法制作出如图 3.42 所示的效果。稻草人效果绘制完成，如图 3.43 所示。

图 3.42　　　　　　　　　　　　　　　图 3.43

3.1.2　理论知识归纳与总结

1. 翻转对象

选择"修改>变形"中的"垂直翻转"、"水平翻转"命令，可以将图形进行翻转，效果分别如图 3.44 ~ 图 3.46 所示。

图 3.44　原图　　　　　图 3.45　垂直翻转　　　　　图 3.46　水平翻转

2. 组合对象

制作复杂图形时，可以将多个图形组合成一个整体，以便选择和修改。另外，制作位移动画时，需用"组合"命令将图形转变成组件。选中多个图形，选择"修改>组合"命令，或按 Ctrl+G 组合键，将选中的图形进行组合，如图 3.47 和图 3.48 所示。

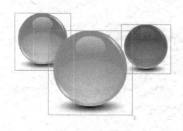

图 3.47　原图

图 3.48　组合后效果

3. 分离对象

要修改多个图形的组合、图像、文字或组件的一部分时，可以使用"修改>分离"命令。另外，制作变形动画时，需用"分离"命令将图形的组合、图像、文字或组件转变成图形。

选中图形组合，选择"修改>分离"命令，或按 ctrl+B 组合键，将组合的图形打散，多次使用"分离"命令的效果如图 3.49 ~ 图 3.52 所示。

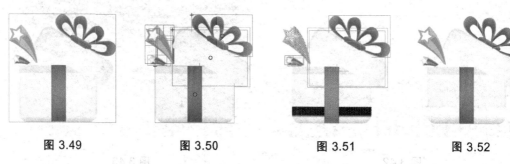

图 3.49　　　　　　图 3.50　　　　　　图 3.51　　　　　　图 3.52

4. 叠放对象

制作复杂图形时，多个图形的叠放次序不同，会产生不同的效果，可以通过"修改>排列"中的命令实现不同的叠放效果。

如果要将图形移动到所有图形的顶层。选中要移动的热气球图形，选择"修改>排列>移至顶层"命令，将选中的热气球图形移动到所有图形的顶层，效果如图 3.53 ~ 图 3.55 所示。

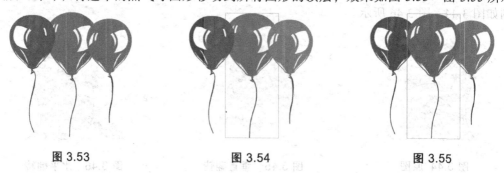

图 3.53　　　　　　　　图 3.54　　　　　　　　图 3.55

5. 对齐对象

当选择多个图形、图像、图形的组合、组件时，可以通过"修改>对齐"中的命令调整它们的相对位置。

如果要将多个图形的底部对齐。选中多个图形，选择"修改>对齐>底对齐"命令，将所有图形的底部对齐，效果如图 3.56 和图 3.57 所示。

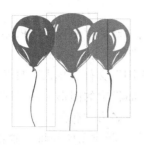

图 3.56

图 3.57

3.1.3 举一反三

任务：绘制蝴蝶图形

操作提示：本任务中，我们将通过移动、复制等图形编辑操作，制作蝴蝶图形。

① 首先利用椭圆工具、线形工具绘制出蝴蝶的身体；

② 利用铅笔工具和椭圆形工具绘制出蝴蝶的左边翅膀，并使用"选择工具"将蝴蝶左侧的翅膀移动到指定位置；

③ 通过复制和翻转操作，制作出蝴蝶右侧的翅膀，并将其移动到指定位置。

图 3.58

3.2 对象的修饰

在制作动画的过程中，可以应用 Flash 自带的一些命令，对曲线进行优化，将线条转换为填充，对填充色进行修改或对填充边缘进行柔化处理。

3.2.1 课堂案例——绘制帆船风景画

【案例学习目标】

使用不同的绘图工具绘制图像，使用形状命令编辑图形。

【案例知识要点】

使用铅笔工具绘制海水效果，使用椭圆工具绘制气泡图形，使用任意变形工具改变图形的大小，使用柔化填充边缘命令制作太阳效果，如图 3.59 所示。

图 3.59

1. 绘制海水图形

① 选择"文件>新建"命令，在弹出的"新建文档"对话框中选择"Flash 文档"选项，单击"确定"按钮，进入新建文档舞台窗口。选择"文件>导入>导入到库"命令，在弹出的"导入到库"，对话框中选择"素材>绘制帆船风景画>底图"文件，单击"打开"按钮，文件被导入到"库"面板中。选择"选择"工具，将"库"面板中的图形元件"底图"拖曳到舞台窗口的中心位置，如图 3.60 所示，将"图层 1"重新命名为"底图"。

② 单击"时间轴"面板下方的"插入图层"按钮 □，新建图层并将其命名为"海水"。选择"铅笔"工具，绘制出如图 3.61 所示边线效果。

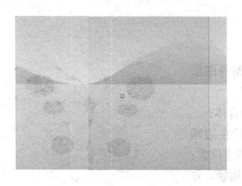

图 3.60

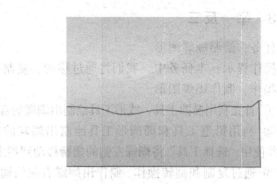

图 3.61

③ 按 Shift+F9 组合键，调出"颜色"面板，在"类型"选项的下拉列表中选择"线性"，选中色带上左侧的色块，将其设为蓝色（#26BCBC），选中色带上右侧的色块，将其设为深蓝色（#0D2E74），如图 3.62 所示。选择"颜料桶"工具，在边线中从上向下拖曳渐变色，松开鼠标，选择"选择"工具，单击图形的边线，按 Delete 键，将其删除，效果如图 3.63 所示。

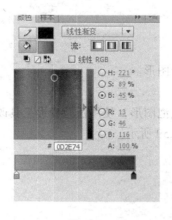

图 3.62

图 3.63

④ 选择"选择"工具，选中海水图形，按 Ctrl+G 组合键，对其进行组合，在按住 Alt 键的同时，选中海水图形，向下拖曳鼠标复制当前选中的图形，效果如图 3.64 所示。选中复制出的海水图形，选择"修改>变形>水平翻转"命令，将图形水平翻转，效果如图 3.65 所示。使用相同的方法制作出如图 3.66 所示的海水效果。

图 3.64

图 3.65

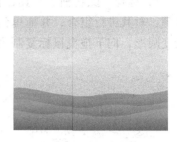
图 3.66

⑤ 选择"铅笔"工具，绘制出如图 3.67 所示的边线效果。按 Alt+Shift+F9 组合键，调出"颜色"面板，在"类型"选项的下拉列表中选择"线性"，选中色带上左侧的色块，将其设为灰蓝色（#1B7E9C），选中色带上右侧的色块，将其设为深蓝色（#10417D）。

⑥ 选择"颜料桶"工具，在边线中从上向下拖曳渐变色，松开鼠标，选择"选择"工具，双击图形的边线，将边线全选，按 Delete 键，将其删除。选中渐变图形，按 Ctrl+G 组合键，对其进行组合，效果如图 3.68 所示。

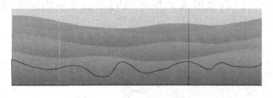
图 3.67

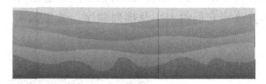
图 3.68

2. 绘制气泡和云彩图形

① 选择"椭圆"工具，在工具箱中将"笔触颜色"设为无，"填充颜色"设为白色。按住 Shift 键的同时，在舞台窗口中绘制出一个圆形，效果如图 3.69 所示。调出"颜色"面板，在"类型"选项的下拉列表中选择"线性"，选中色带上左侧的色块，将其设为白色，选中色带上右侧的色块，将其设为绿色（#1AE6D0），如图 3.70 所示。

图 3.69

图 3.70

② 选择"颜料桶"工具，在圆形上从左向右拖曳渐变色，选中渐变圆形，按 Ctrl+G 组合键，对其进行组合，并拖曳到适当的位置，效果如图 3.71 所示。按住 Alt 键的同时，选中渐变圆形，向下拖曳鼠标复制当前选中的图形，效果如图 3.72 所示。

 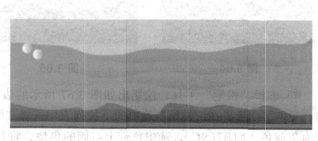

图 3.71   图 3.72

③ 选中复制出的"圆形"，选择"任意变形"工具，在圆形的周围出现 8 个控制点，按住 Shift+Alt 组合键的同时，用鼠标向内拖曳右下方的控制点，将图形缩小。按 Shift+↓组合键，将图形下移一层，在场景中的任意地方单击，控制点消失。用相同的方法复制出多个圆形并改变它们的大小及排列顺序，效果如图 3.73 所示。

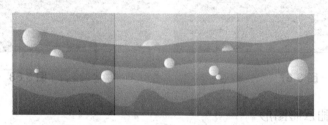

图 3.73

④ 单击"时间轴"面板下方的"插入图层"按钮，新建图层并将其命名为"云彩"。选择"椭圆"工具，在工具箱中将"笔触颜色"设为无，"填充颜色"设为白色，在舞台窗口中绘制出一个椭圆形，效果如图 3.74 所示。用相同的方法绘制出多个椭圆形，制作出如图 3.75 所示的云彩效果。

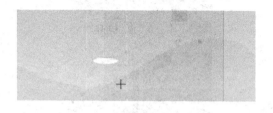 

图 3.74   图 3.75

⑥ 选中云彩图形，按 Ctrl+G 组合键将其组合。按住 Alt 键的同时，用鼠标向下拖曳当前选中的云彩图形，对其进行复制。选择"任意变形"工具，调整复制出的云彩图形的大小。用相同的方法制作出如图 3.76 所示的多个云彩效果。

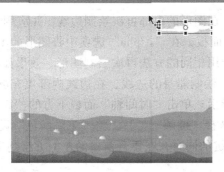

图 3.76

3. 绘制船和太阳图形

① 单击"时间轴"面板下方的"插入图层"按钮，创建新图层并将其命名为"船"。选择"矩形"工具，将"笔触颜色"设为无，"填充颜色"设为橘红色（#FF6600）。在舞台窗口的右上方绘制出一个矩形，效果如图 3.77 所示。

② 选择"选择"工具，将鼠标放在矩形上方边线的中心位置，鼠标下方出现圆弧，这表明可以将直线转换为弧线，在直线的中心部位按住鼠标并向下拖曳，直线转换为弧线。用相同的方法将其他边线变为弧线，效果如图 3.78 所示。

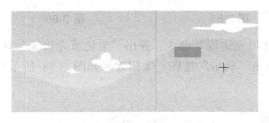

图 3.77

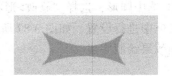

图 3.78

③ 选择"线条"工具，在直线工具"属性"面板中设置笔触值 1 像素，类型为实线。在舞台窗口中绘制出一条直线，效果如图 3.79 所示。选择"矩形"工具，将"笔触颜色"设为无，"填充颜色"设为黑色，在舞台窗中绘制出一个矩形，效果如图 3.80 所示。

④ 选择"铅笔"工具，将"笔触颜色"设为黑色，绘制出如图 3.81 所示的边线效果。选择"颜料桶"工具，将"填充颜色"设为橘黄色（#FF9900），在边线内部单击鼠标填充颜色，将边线删除，效果如图 3.82 所示。

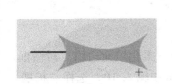

图 3.79

图 3.80

图 3.81

图 3.82

⑤ 选择"铅笔"工具，在图形的内部再次绘制边线，并应用"颜料桶"工具将边线内部填充为白色。选择"颜色"面板，在"Alpha"选项中将图形的不透明度设为 50%，将边线删除后效果如图 3.83 所示。用相同的方法再次绘制图形，效果如图 3.84 所示。

⑥ 选择"铅笔"工具，绘制船身的边线，在边线内部填充颜色为浅棕（#CC6666），将边线删除后效果如图 3.85 所示。单击"时间轴"面板下方的"插入图层"按钮，创建新图层并将其命名为"太阳"。选择"椭圆"工具，将"笔触颜色"设为无，"填充颜色"设为黄色（#FFFF33），按住 Shift 键的同时，在舞台窗口的左上方绘制出一个圆形，效果如图 3.86 所示。

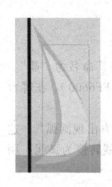 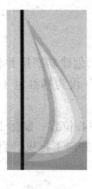  

| 图 3.83 | 图 3.84 | 图 3.85 | 图 3.86 |

⑦ 选中圆形，选择"修改>形状>柔化填充边缘"命令，弹出"柔化填充边缘"对话框，在对话框中进行设置，如图 3.87 所示，单击"确定"按钮，太阳效果如图 3.88 所示。帆船风景画效果绘制完成。

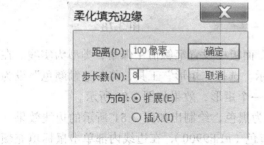

图 3.87

图 3.88

3.2.2 理论知识归纳与总结

1. 柔化填充边缘

功能：使用柔化填充命令可以将图形的边缘制作成柔化效果。

（1）向外柔化填充边缘

选中图形，选择"修改 > 形状 > 柔化填充边缘"命令，弹出"柔化填充边缘"对话框，在"距离"选项的数值框中输入 50，在"步长数"选项的数值框中输入 10，选择"扩展"选项，单击"确定"按钮，填充边缘柔化。

图 3.89   图 3.90

（2）向内柔化填充边缘

选中图形，选择"修改 > 形状 > 柔化填充边缘"命令，弹出"柔化填充边缘"对话框，在"距离"选项的数值框中输入 5，在"步长数"选项的数值框中输入 2，选择"插入"选项，单击"确定"按钮，填充内部柔化。

2. 将线条转换为填充

功能：应用将线条转换为填充命令可以将矢量线条转换为填充色块。

选择"墨水瓶"工具，为图形绘制外边线，如图 3.91 所示。双击图形的外边线将其选中，选择"修改 > 形状 > 将线条转换为填充"命令，将外边线转换为填充色块，如图 3.92 所示。这时，可以选择"颜料桶"工具，为填充色块设置其他颜色，如图 3.93 所示。

图 3.91 绘制外边线   图 3.92 转换为填充色块   图 3.93 设置其他颜色

3. 扩展填充

功能：应用扩展填充命令可以将填充颜色向外扩展或向内收缩，扩展或收缩的数值可以自定义。

（1）扩展填充色

选中图形的填充颜色。选择"修改 > 形状 > 扩展填充"命令，弹出"扩展填充"对话框，选择"扩展"选项，单击"确定"按钮，填充色向外扩展。

（2）收缩填充色

选中图形的填充颜色，选择"修改 > 形状 > 扩展填充"命令，弹出"扩展填充"对话框，选择"插入"选项，单击"确定"按钮，填充色向内收缩，如图 3.94 ~ 图 3.96 所示。

图 3.94　选中填充颜色　　　图 3.95　扩展填充色　　　图 3.96　收缩填充色

3.2.3　举一反三

1. 绘制朦胧动画场景

操作提示：本实例主要使用基本绘图工具绘制云彩形状，再使用"柔化填充边缘"调整边缘效果。通过对不同图形设置不同的透明度来实现场景的层次感，并将场景制作成为元件，以方便动画制作过程中的再次使用，效果如图 3.97 所示。

图 3.97

3.3　对齐面板与变形面板的使用

可以应用对齐面板来设置多个对象之间的对齐方式，还可以应用变形面板来改变对象的大小以及倾斜度。

3.3.1　课堂案例——制作数字按钮

【案例学习目标】
使用不同的浮动面板编辑图形。

【案例知识要点】
使用矩形工具绘制花瓣元件，使用颜色面板、变形面板、对齐面板来完成按钮的制作，如图 3.98 所示。

图 3.98

1. 制作按钮元件

① 选择"文件>新建"命令，在弹出的"新建文档"对话框中选择"Flash 文档"选项，单击"确定"按钮，进入新建文档舞台窗口。按 Ctrl+F3 组合键，弹出文档"属性"面板，在弹出的对话框中将舞台窗口的宽度设为 650 像素，高度设为 200 像素。

② 按 Ctrl+L 组合键，调出"库"面板，在"库"面板下方单击"新建元件"按钮，弹出"创建新元件"对话框，在"名称"选项的文本框中输入"按钮图形"，勾选"图形"选项，单击"确定"按钮，新建一个图形元件"按钮图形"，舞台窗口也随之转换为图形元件的舞台窗口。

③ 选择"椭圆"工具，在工具箱中将"笔触颜色"设为无，"填充颜色"设为深红色（#990000），按住 Shift 键的同时，在舞台窗口中绘制出一个圆形。选中圆形，在形状"属性"面板中将"宽"、"高"选项分别设置为 20，取消对图形的选择，效果如图 3.99 所示。

④ 再次选中图形，按 Ctrl+T 组合键，弹出"变形"面板，勾选"约束"选项，将"宽度"选项设为 65，"高度"选项也随之转换为 65，单击"复制并应用变形"按钮，如图 3.100 所示，新复制出一个圆形，在工具箱中将"填充颜色"设为白色，新复制出的图形转换为白色，取消对图形的选择，效果如图 3.101 所示。

图 3.99   图 3.100   图 3.101

⑤ 选择"窗口>颜色"命令，弹出"颜色"面板，在"填充样式"选项的下拉列表中选择"径向渐变"，选中色带上左侧的色块，将其设为白色，选中色带上右侧的色块，将其设为粉色（#FD9D99），如图 3.102 所示。

⑥ 选择"颜料桶"工具，让工具箱下方的"锁定填充"按钮呈未被选中状态。在白色圆形上单击鼠标填充渐变色，效果如图 3.103 所示。在文档"属性"面板中将背景颜色设为灰色（此处更换背景颜色是为了下面操作时可以看清白色的图形）。选择"椭圆"工具，在工具箱中将"笔触颜色"设为黑色，"填充颜色"设为白色，在椭圆工具"属性"面板中将"笔触高度"选项设为 1，按住 Shift 键的同时，在舞台窗口中绘制出一个圆形。

图 3.102　　　　　　　　图 3.103

⑦ 选择"线条"工具，在圆形中间绘制一条斜线。选择"选择"工具，将鼠标放置在斜线的下方，鼠标光标出现圆弧，将斜线向上拖曳，斜线转换为弧线，效果如图 3.104 所示。

图 3.104

⑧ 选中弧线上方的白色图形，如图 3.105 所示，将图形移动到圆形边线的外面，按 Ctrl+G 组合键，对其进行组合，效果如图 3.106 所示。将白色图形移动到渐变图形的上方，选择"任意变形"工具，在白色图形上出现控制点，向内拖曳控制点来缩小白色图形，效果如图 3.107 所示，删除剩余的黑色边线，效果如图 3.108 所示。

 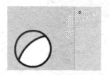

图 3.105　　　　　图 3.106　　　　　图 3.107　　　　　图 3.108

2. 制作花瓣元件

① 单击"库"面板下方的"新建元件"按钮，弹出"创建新元件"对话框，在"名称"选项的文本框中输入"花瓣"，选择"图形"选项，单击"确定"按钮，新建一个图形元件"花瓣"，如图 3.109 所示，舞台窗口也随之转换为图形元件的舞台窗口。选择"矩形"工具，在工具箱中将"笔触颜色"设为深红色（#990000），"填充颜色"设为粉色（#FFCCCC），在"属性"面板中将"矩形边角半径"选项设为 50，如图 3.110 所示，在舞台窗口中心位置绘制圆角矩形，效果如图 3.111 所示。

图 3.109	图 3.110	图 3.111

② 双击"库"面板中的"按钮图形"元件的图标，舞台窗口转换到"按钮图形"元件的舞台窗口。单击"时间轴"面板下方的"插入图层"按钮，将"库"面板中的图形元件"花瓣"拖曳到按钮上，如图 3.112 所示。选择"任意变形"工具，图形上出现控制点，将中心控制点拖曳到控制框下方中间的控制点上，如图 3.113 所示。

图 3.112	图 3.113

③ 选择"变形"面板，将"旋转"选项设为 30，多次单击"复制并应用变形"按钮，复制出多个花瓣图形。在"时间轴"面板中将"图层 2"拖曳到"图层 1"的下方，如图 3.114 所示，按钮图形效果如图 3.115 所示。

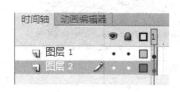

图 3.114	图 3.115

3. 编辑元件

① 单击"时间轴"面板下方的"场景 1"图标，进入"场景 1"的舞台窗口。选择"文件>导入>导入到舞台"命令，在弹出的"导入"对话框中选择"素材>制作数字按钮>按钮底图"文件，单击"打开"按钮，图形被导入到舞台窗口中，将其拖曳到中心位置，效果如图 3.116 所示。

图 3.116

② 将"库"面板中的图形元件"按钮图形"拖曳到舞台窗口中，成为实例，复制 6 次按钮实例并将其水平放置。选中舞台窗口中的所有按钮，按 Ctrl+K 组合键，弹出"对齐"面板，单击"顶对齐"按钮，如图 3.117 所示，对所有按钮的顶部进行对齐。单击"水平居中分布"按钮"，如图 3.118 所示，对按钮进行间距相等的排列，效果如图 3.119 所示。

| 图 3.117 | 图 3.118 | 图 3.119 |

③ 选择"文本"工具 T，在文字"属性"面板中进行设置，在舞台窗口中输入大小为 18，文字颜色为白色的字母"One、Two、Three、Four、Five、Six、Seven"，效果如图 3.120 所示。数字按钮制作完成，按 Ctrl+Enter 组合键即可查看效果。

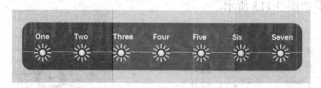

图 3.120

3.3.2 理论知识归纳与总结

1. 对齐面板

（1）功能：可以将多个图形按照一定的规律进行排列，并能够快速地调整图形之间的相对位置、平分间距、对齐方向。

选择"窗口对齐"命令或按 Ctrl+K 组合键，弹出"对齐"面板，如图 3.121 所示。

1）"对齐"选项组

"左对齐"按钮 ：设置选取对象左端对齐。

"水平中齐"按钮 ：设置选取对象沿垂直线中对齐。

"右对齐"按钮 ：设置选取对象右端对齐。

"顶对齐"按钮 ：设置选取对象顶端对齐。

"垂直中齐"按钮 ：设置选取对象沿水平线中对齐。

"底对齐"按钮 ：设置选取对象底端对齐。

2）"分布"选项组

"顶部分布"按钮 ：设置选取对象在横向上上端间距相等。

"垂直居中分布"按钮 ：设置选取对象在横向上中心间距相等。

"底部分布"按钮 ：设置选取对象在横向上下端间距相等。

"左侧分布"按钮 ：设置选取对象在纵向上左端间距相等。

"水平居中分布"按钮 ：设置选取对象在纵向上中心间距相等。

"右侧分布"按钮 ：设置选取对象在纵向上右端间距相等。

图 3.121

3）"匹配大小"选项组

"匹配宽度"按钮 ：设置选取对象在水平方向上等尺寸变形（以所选对象中宽度最大的为基准）。

"匹配高度"按钮 ：设置选取对象在垂直方向上等尺寸变形（以所选对象中高度最大的为基准）。

"匹配宽和高"按钮 ：设置选取对象在水平方向和垂直方向同时进行等尺寸变形（同时以所选对象中宽度和高度最大的为基准）。

4）"间隔"选项组

"垂直平均间隔"按钮 ：设置选取对象在纵向上间距相等。

"水平平均间隔"按钮 ：设置选取对象在横向上间距相等。

5）"与舞台对齐"选项

"与舞台对齐"按钮 ：选择此选项后，上述设置的操作都是以整个舞台的宽度或高度为基准的。

2. 变形面板

功能：应用变形面板可以将图形、组、文本以及实例进行变形。

选择"窗口 > 变形"命令或按 Ctrl+T 键，弹出"变形"面板，如图 3.122 所示。

图 3.122

"缩放宽度" ↔ 100.0 % 和 "缩放高度" ↕ 100.0 % 选项：用于设置图形的宽度和高度。

"约束" 按钮 🔗：用于约束 "宽度" 和 "高度" 选项，使图形能够成比例地变形。

"旋转" 选项：用于设置图形的角度。

"倾斜" 选项：用于设置图形的水平倾斜或垂直倾斜。

"重制选区和变形" 按钮 🔁：用于复制图形并将变形设置应用给图形。

"取消变形" 按钮 ⬚：用于将图形属性恢复到初始状态。

3.3.3　举一反三

任务一：绘制荷花

操作提示：

① 新建一个 Flash 文档，在舞台上创建一个覆盖整个舞台的矩形，并为其填充由浅蓝色到深蓝的线形渐变。

② 利用 "椭圆工具" 和 "选择工具" 绘制荷叶，为其填充从浅绿到深绿的径向渐变色，再将绘制的荷叶群组。

③ 利用 "线条工具" 和 "选择工具" 绘制一个荷花的花瓣，为其填充从浅粉红到深粉红的径向渐变色，并将其转换为图形元件。

④ 利用 "任意变形工具" 和 "变形" 面板的复制并变形功能将花瓣制作成荷花，然后使用 "椭圆工具" 绘制花蕊；最后将荷花群组并放置在荷叶上方，再将绘制好的荷花和荷叶群组、复制并进行缩放，如图 3.123 所示。

图 3.123

【课后练习】

1. 绘制圣诞树

【练习知识要点】使用绘图工具绘制雨滴图形。使用椭圆工具和钢笔工具制作月亮和山丘效果。使用钢笔工具和颜料桶工具绘制圣诞树，使用变形面板复制圣诞树并调整大小，如图 3.124 所示。

2. 绘制风景插画

【练习知识要点】使用颜料桶工具和钢笔工具绘制云块效果，使用柔化填充边缘命令将云块边缘虚化，如图 3.125 所示。

图 3.124   图 3.125

3. 制作鲜花速递网页

【练习知识要点】使用颜色面板、颜料桶工具、任意变形工具和变形面板来完成图形的绘制，如图 3.126 所示。

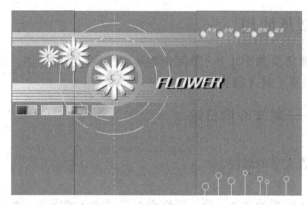

图 3.126

第四章　文本的编辑

Flasn 具有强大的文本输入、编辑和处理功能。本章将详细讲解文本的编辑方法和应用技巧。大家通过学习要了解并掌握文本的功能及特点，并能在设计制作任务中充分地利用所学知识制作好文本效果。

【课堂学习目标】

1. 文本的类型及使用。
2. 文本的转换。

4.1　文本的类型及使用

建立动画时，常常需要利用文字才能更清楚地表达创作者的意图，而建立和编辑文字必须利用 Flash 提供的文字工具才能实现。

4.1.1　课堂案例——制作心情日记

【案例学习目标】

使用属性面板设置文字的属性。

【案例知识要点】

使用文字工具输入需要的文字，使用属性面板设置文字的字体、大小、颜色、行距和字符属性，如图 4.1 所示。

图 4.1

① 选择"文件>新建"命令，在弹出的"新建文档"对话框中选择"Flash 文档"选项，单击"确定"按钮，进入新建文档舞台窗口。按 Ctrl+F3 组合键，弹出文档"属性"面板，将对话框中"大小"选项后面的舞台窗口的宽度设为 381 像素，高度设为 340 像素，将背景颜色设为白色。

② 选择"文件>导入>导入到舞台"命令，在弹出的"导入到舞台"对话框中选择"素材>制作心情日记>制作心情日记"文件，单击"打开"按钮，文件被导入到舞台窗口中，如图 4.2 所示。选择"文本"工具，选择"窗口>属性"命令，弹出文本工具"属性"面板，在"属性"面板中进行设置，设置"字体"为"汉仪 YY 体简"，"字号"为 43，"颜色"为白色，如图 4.3 所示，在舞台窗口中输入需要的文字，如图 4.4 所示。

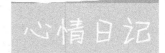

| 图 4.2 | 图 4.3 | 图 4.4 |

③ 选择"文本"工具，在"属性"面板中进行设置，将文字"颜色"设为绿色（#336600），"字体"为黑体，"字号"为 15 号，在舞台窗口中输入需要的文字，如图 4.5 所示。

图 4.5

④ 选中数字"15"后面的数字"0"，如图 4.6 所示，在"属性"面板中点击"切换为上标"按钮，如图 4.7 所示，数字的效果如图 4.8 所示。使用相同的方法将数字"20"后面的数字"0"设置相同的属性，效果如图 4.9 所示。

| 图 4.6 | 图 4.7 |

| 图 4.8 | 图 4.9 |

⑤ 选择"文本"工具 **T**，在"属性"面板中进行设置，将文字"颜色"设为黑色，"字号"为 10.5，如图 4.10 所示，输入相应文字"浮躁的心情，疲惫的躯壳，好想有一场大雨来洗去这一切，于是我把世界上最浪漫的雨送给你，希望能让你……。"

图 4.10

⑥ 选中输入的黑色文字，如图 4.11 所示，单击"属性"面板中的段落选项，在弹出的对话框中设置"间距"选项中的行距为 15 点，如图 4.12 所示，单击"确定"按钮，文字效果如图 4.13 所示。心情日记制作完成，按 Ctrl+Enter 组合键即可查看效果，如图 4.14 所示。

| 图 4.11 | 图 4.12 |

图 4.13   图 4.14

4.1.2　理论知识归纳与总结

1. 创建文本

选择"文本"工具 **T**，选择"窗口>属性"命令，弹出"文本工具"属性面板，如图 4.15 所示。

图 4.15

将鼠标放置在场景中，鼠标光标变为 ⁺。在场景中单击鼠标，出现文本输入光标。直接输入文字即可。如图 4.16 所示用鼠标在场景中单击并按住鼠标左键，向右下角方向拖曳出一个文本框。松开鼠标，出现文本输入光标。在文本框中输入文字，文字被限定在文本框中，如果输入的文字较多，会自动转到下一行显示，如图 4.17 所示。

图 4.16   图 4.17

2. 文市属性

Flash 为用户提供了集合多种文字调整选项的属性面板，包括字体属性（字体系列、字体大小、样式、颜色、字符间距、自动字距微调和字符位置）和段落属性（对齐、边距、缩进和行距）如图 4.18 所示。下面对各文字调整选项逐一介绍。

（1）设置文本的字体、字体大小、样式和颜色

"字体"选项：设定选定字符或整个文本块的文字字体。

"字体大小"选项：设定选定字符或整个文本块的文字大小。选项值越大，文字越大。

"文本（填充）颜色"按钮 颜色：■：为选定字符或整个文本块的文字设定颜色。

【提示】文字只能用纯色，不能使用渐变色。要想为文本应用渐变，必须将该文本转换为组成它的线条和填充。

"改变文本方向"按钮 ⌐▼：单击此按钮可以改变文字的排列方向。

图 4.18

（2）设置字符与段落

文本排列方式按钮可以将文字以不同的形式进行排列。

"段落"选项 ▽ 段落：用于调整文本段落的格式。

"左对齐"按钮 ▤：将文字以文本框的左边线进行对齐。

"居中对齐"按钮 ▤：将文字以文本框的中线进行对齐。

"右对齐"按钮 ▤：将文字以文本框的右边线进行对齐。

"两端对齐"按钮 ▤：将文字以文本框的两端进行对齐。

"字母间距"选项 字母间距：0.0：在选定字符或整个文本块的字符之间插入统一的间隔。

"字符"选项：通过设置下列选项值控制着字符对之间的相对位置。

"切换上标"选项 T¹：可将水平文本放在基线之上或将垂直文本放在基线的右边。

"切换下标"选项 T₁：可将水平文本放在基线之下或将垂直文本放在基线的左边。

"缩进"选项 *▤：用于调整文本段落的首行缩进。

"行距"选项 ↕▤：用于调整文本段落的行距。

"左边距"选项 →▤：用于调整文本段落的左侧间隙。

"右边距"选项 ▤←：用于调整文本段落的右侧间隙。

（3）字体呈现方法

Flash 有 5 种不同的字体呈现选项，如图 4.19 所示。通过点选"消除锯齿"按钮设置不同的样式。

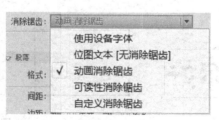

图 4.19

"使用设备字体"：此选项生成一个较小的 SWF 文件，使用最终用户计算机上当前安装的字体来呈现文本。

"使用位图【无消除锯齿】"：此选项生成明显的文本边缘，没有消除锯齿。因为此项生成的 SWF 文件中包含字体轮廓，所以生成的 SWF 文件较大。

"动画消除锯齿"：此选项生成可顺畅进行动画播放的消除锯齿文本。因为在文本动画播放时没有应用对齐和消除锯齿，所以在某些情况下，文本动画还可以更快的播放。在使用带有许多字母的大字体或缩放字体时，可能看不到性能上提高。因为此选项生成的 SWF 文件中包含字体轮廓，所以生成的 SWF 文件较大。

"可读性消除锯齿"：此选项使用高级消除锯齿引擎，提供了品质最高、最易读的文本。因为此选项生成的文件中包含字体轮廓以及特定的消除锯齿信息，所以生成的 SWF 文件最大。

"自定义消除锯齿"：此选项与"可读性消除锯齿"选项相同，但是可以直观地操作消除锯齿参数，以生成特定外观。此选项在需要为新字体或不常见的字体生成最佳的外观时非常有用。

（4）设置文本超链接

"链接"选项：可以在选项的文本框中直接输入网址，使当前文字成为超级链接文字。

"目标"选项：可以设置超级链接的打开方式，共有 4 种方式可以选择。

◇ "_blank"：链接页面在新打开的浏览器中打开。

◇ "_parent"：链接页面在父框架中打开。

◇ "_self"：链接页面在当前框架中打开。

◇ "_top"：链接页面在默认的顶部框架中打开。

4.1.3　举一反三

任务：制作镜面文字

操作提示：

① 首先在舞台中创建一个矩形，填充为"白-蓝"的颜色渐变；

② 利用文字工具输入"镜面文字"四个字，并调整文字的字体、字号等相应的文字属性；

③ 利用选择工具再复制一个相同的文本，并对其进行"垂直翻转"；

④ 将翻转后的文字打散，并填充上"蓝-白"的颜色渐变，调整白色色标的 Alpha 值，使其从"透明"逐步变为"不透明"。效果如下图所示。

图 4.20

4.2 文本的转换

4.2.1 课堂案例——绘制标志

【案例学习目标】

使用变形文本和填充文本命令对文字进行变形。

【案例知识要点】

使用文字工具输入需要的文字，使用封套命令对文字进行变形，使用颜色面板为文字添加渐变色，使用墨水瓶工具为文字添加描边效果，如图4.21所示。

① 选择"文件>新建"命令，在弹出的"新建文档"对话框中选择"Flash文档"选项，单击"确定"按钮，进入新建文档舞台窗口。按Ctrl+F3组合键，弹出文档"属性"面板，在对话框中将"大小"选项后面舞台窗口的宽度设为384像素，高度设为384像素，将背景颜色设为白色。

② 选择"文件>导入>导入到舞台"命令，在弹出的"导入"对话框中选择"素材>绘制标志>标志图"文件，单击"打开"按钮，文件被导入到舞台窗口中，将其拖曳到窗口的中心位置，如图4.22所示。

图 4.21

图 4.22

③ 单击"时间轴"面板下方的"插入图层"按钮，创建新图层并将其命名为"文字"。选择"文本"工具，在文字"属性"面板中进行设置，如图4-21所示，在舞台窗口中输入需要的黑色文字，效果如图4.22所示。按两次Ctrl+B组合键，将文字打散。

图 4.21

图 4.22

④ 选择"修改>变形>封套"命令，在文字图形上出现控制点，如图 4.23 所示。将鼠标放在右上方的控制点上，光标变为 ，用鼠标拖曳控制点，调整文字图形上的其他控制点，使文字图形产生相应的变形，效果如图 4.24 所示。

图 4.23　　　　　　　　　　　　　　　图 4.24

⑤ 选择"选择"工具，选择"窗口>颜色"命令，弹出"颜色"面板，在"填充样式"选项的下拉列表中选择"线性"，选中色带上左侧的色块，将其设为浅蓝色（#53075F），选中色带上左侧的色块，将其设为深蓝色（#000A5E），如图 4.25 所示，文字的渐变色效果如图 4.26 所示。

⑥ 选择"墨水瓶"工具，在"属性"面板中将"笔触颜色"设为白色，"笔触大小"设为 3，鼠标光标变为 ，在"C"文字外侧单击鼠标，为文字图形添加设置好的边线。使用相同的方法为其他文字添加描边，效果如图 4.27 所示。选中所有文字，按 Ctrl+G 组合键，组合文字。标志绘制完成，按 Ctrl+Enter 组合键即可查看效果。

图 4.25　　　　　　　　　　图 4.26　　　　　　　　　　图 4.27

4.2.2　理论知识归纳与总结

（1）变形文本

选中文字，如图 4.28 所示，按 2 次 Ctrl+B 组合键，将文字打散。

岱宗夫如何

图 4.28

选择"修改>变形>封套"命令，在文字的周围出现控制点，如图 4.29 所示，拖动控制点，改变文字的形状，如图 4.30 所示，变形完成后文字效果如图 4.31 所示。

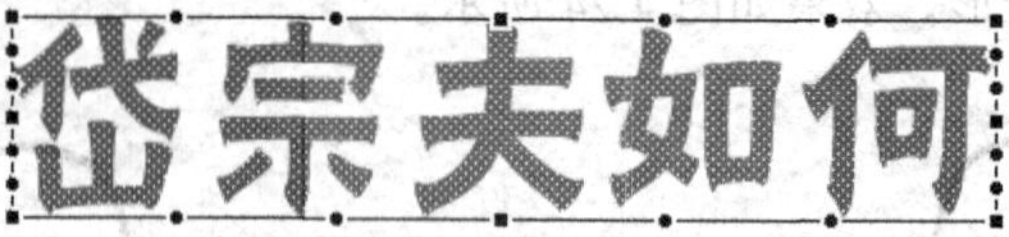

图 4.29

图 4.30

图 4.31

（2）填充文本

选中文字，如图 4.32 所示，按 2 次 ctrl+B 组合键，将文字打散。

图 4.32

选择"窗口>颜色"命令，弹出"颜色"面板，在"类型"选项中选择"线性"，在颜色设置条上设置渐变颜色，如图 4.33 所示，文字效果如图 4.34 所示。

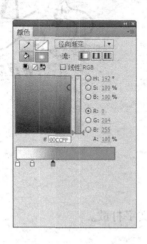

图 4.33

图 4.34

选择"墨水瓶"工具 ，在墨水瓶工具"属性"面板中，设置线条的颜色和笔触高度，如图 4.35 所示，在文字的外边线上单击，为文字添加外边框，如图 4.36 所示。

图 4.35

齐鲁青未了

图 4.36

4.2.2　举一反三

任务：制作变形文字

操作提示：使用文本工具输入文字，使用封套命令对文字进行变形，如图 4.37 所示。

【课后练习】

1. 制作卡片文字

【习题知识要点】使用文本工具输入文字，使用属性面板设置文字的字体、大小、颜色、行距和字符设置，效果如图 4.38 所示（可自行设计卡片图案及内容）。

图 4.37

图 4.38

2. 制作网页 Banner

【习题知识要点】使用文本工具添加标题文字。使用墨水瓶工具添加文字的笔触颜色。使用任意变形工具改变文字的形状。效果如图 4.39 所示。

图 4.39

3. 绘制霓虹灯图形

【习题知识要点】并使用"选择工具"调整矩形的形状；然后对调整后的矩形执行"柔化填充边缘"命令，并为其独立的边缘填充不同颜色；再使用"文本工具"创建文本，并将文本分离，以及调整文本的位置；最后对分离的文本执行"扩展填充"命令，制作描边字效果。最终效果如图 4.40 所示。

图 4.40

第五章　动画基础与逐帧动画

在 Flash 动画的制作过程中，时间轴和帧起到了关键性的作用。本章将介绍动画中帧和时间轴的使用方法及应用技巧。大家通过学习要了解并掌握如何灵活地应用帧和时间轴，并根据设计需要制作出丰富多彩的动画效果。

【课堂学习目标】

1. 帧的类型。
2. 帧的常用操作。
3. 时间轴的使用。
4. 逐帧动画的制作。

5.1　帧与时间轴

要将一幅幅静止的画面按照某种顺序快速地、连续地播放，需要用时间轴和帧来为它们完成时间和顺序的安排。

5.1.1　课堂案例——制作打字效果

【案例学习目标】

使用不同的绘图工具绘制图形，使用时间轴制作动画。

【案例知识要点】

使用刷子工具绘制光标图形，使用文本工具添加文字，使用翻转帧命令将帧进行翻转，如图 5.1 所示。

图 5.1

1. 导入图形并绘制光标图形

① 选择"文件>新建"命令，在弹出的"新建文档"对话框中选择"Flash 文档"选项，单击"确定"按钮，进入新建文档舞台窗口。选择"文件>导入>导入到库"命令，在弹出的"导入"对话框中选择"素材>制作打字效果>背景"文件，单击"打开"按钮，文件被导入到"库"面板中。

② 在"库"面板下方单击"新建元件"按钮🔲，弹出"创建新元件"对话框，在"名称"选项的文本框中输入"光标"，勾选"图形"选项，单击"确定"按钮，新建图形元件"光标"，如图 5.2 所示，舞台窗口也随之转换为图形元件的舞台窗口。

③ 选择"刷子"工具，在刷子工具"属性"面板中将"平滑度"选项设为 0，舞台窗口中绘制一道深红色（#980000）"光标"，效果如图 5.3 所示。

④ 在"库"面板下方单击"新建元件"按钮🔲，弹出"创建新元件"对话框，在"名称"选项的文本框中输入"文字动"，点选"影片剪辑"选项，单击"确定"按钮，新建影片剪辑元件"文字动"，如图 5.4 所示，舞台窗口也随之转换为影片剪辑元件的舞台窗口。

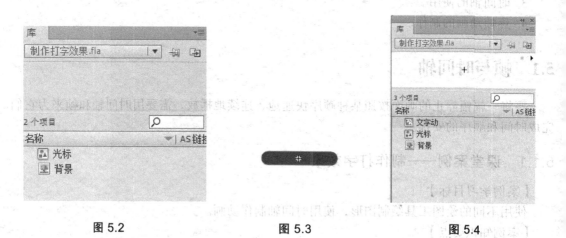

图 5.2   图 5.3   图 5.4

2. 添加文字并制作打字效果

① 将"图层 1"重新命名为"文字"，选择"文本"工具，在文字"属性"面板中进行设置，在舞台窗口中输入需要的深红色（#9B0000）祝福语文字，效果如图 5.5 所示。在"时间轴"面板中选中第 5 帧，按 F6 键，在该帧上插入关键帧。

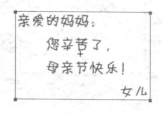

图 5.5

② 单击"时间轴"面板下方的"插入图层"按钮，创建新图层并将其命名为"光标"。选中"光标"图层的第 5 帧，按 F6 键，在该帧上插入关键帧，如图 5.6 所示。将"库"面板中的图形元件"光标"拖曳到舞台窗口中，选择"窗口>变形"命令，弹出"变形"面板，在面板中设置光标图形的大小，如图 5.7 所示。

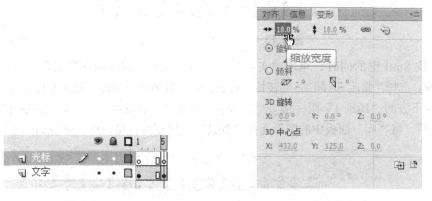

图 5.6　　　　　　　　　　　　　　图 5.7

③ 将第 5 帧选中，按 Ctrl+B 键，将舞台中的文字打散，然后光标移动到祝福语中"儿"字的下方，效果如图 5.8 所示。选中"文字"图层的第 5 帧，选择"文本"工具，将光标上方的"儿"字删除，效果如图 5.9 所示。分别选中"文字"图层和"光标"图层的第 9 帧，在选中的帧上插入关键帧，如图 5.10 所示。

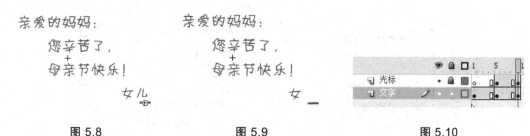

图 5.8　　　　　　　　　图 5.9　　　　　　　　　图 5.10

④ 选中"光标"图层的第 9 帧，将光标平移到祝福语中"女"字的下方，效果如图 5.11 所示。选中"文字"图层的第 9 帧，将光标上方的"女"字删除，效果如图 5.12 所示。

图 5.11　　　　　　　　　　　　　　图 5.12

⑤ 用相同的方法，每间隔 4 帧插入一个关键帧，在插入的帧上将光标移动到前一个字的下方，并删除该字，直到删除完所有的字，如图 5.13 所示，舞台窗口中的效果如图

5.14 所示。

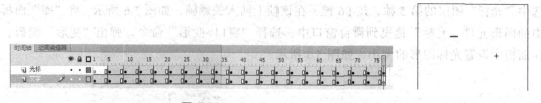

图 5.13   图 5.14

⑥ 按住 Shift 键的同时，单击"文字"图层和"光标"图层的图层名称，选中 2 个图层中的所有帧，选择"修改>时间轴>翻转帧"命令，对所有帧进行翻转，如图 5.15 所示。单击"时间轴"面板下方的"场景 1"图标 ，进入"场景 1"的舞台窗口，将"图层 1"重新命名为"背景图"。将"库"面板中的图形元件"背景"拖曳到舞台窗口中，效果如图 5.16 所示。

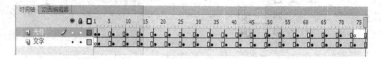

图 5.15

⑦ 在"时间轴"面板中创建新图层并将其命名为"打字"，将"库"面板中的影片剪辑元件"文字动"拖曳到舞台窗口中，效果如图 5.17 所示。打字效果制作完成，按 Ctrl+Enter 组合键即可查看效果。

图 5.16   图 5.17

5.1.2　理论知识归纳与总结

1.　动画中帧的概念

医学证明，人类具有视觉暂留的特点，即人眼看到物体或画面后，在 1／24 秒内不会消失。利用这一原理，在一幅画没有消失之前播放下一幅画，就会给人造成流畅的视觉变化效果。所以，动画就是通过连续播放一系列静止画面，给视觉造成连续变化的效果。

在 Flash 中，这一系列单幅的画面就叫帧，它是 Flash 动画中最小时间单位里出现的画面。每秒钟显示的帧数叫帧率，如果帧率太慢就会给人造成视觉上不流畅的感觉。所以，按照人的视觉原理，一般将动画的帧率设为 24 帧/秒。

在 Flash 中，动画制作的过程就是决定动画每一帧显示什么内容的过程。用户可以像传统动画一样自己绘制动画的每一帧，即逐帧动画。但逐帧动画所需的工作量非常大，为此，

Flash 还提供了一种简单的动画制作方法，即采用关键帧处理技术的插值动画。插值动画又分为运动动画和变形动画两种。

　　制作插值动画的关键是绘制动画的起始帧和结束帧，中间帧的效果由 Flash 自动计算得出。为此，在 Flash 中提供了关键帧、过渡帧、空白关键帧的概念。关键帧描绘动画的起始帧和结束帧。当动画内容发生变化时必须插入关键帧，即使是逐帧动画也要为每个画面创建关键帧。关键帧有延续性，开始关键帧中的对象会延续到结束关键帧。过渡帧是动画起始、结束关键帧中间系统自动生成的帧。空白关键帧是不包含任何对象的关键帧。因为 Flash 只支持在关键帧中绘画或插入对象。所以，当动画内容发生变化而又不希望延续前面关键帧的内容时需要插入空白关键帧。

2. 帧的显示形式

　　在 Flash 动画制作过程中，帧包括下述多种显示形式。

（1）空白关键帧

　　在时间轴中，白色背景带有黑圈的帧为空白关键帧。表示在当前舞台中没有任何内容，如图 5.18 所示。

（2）关键帧

　　在时间轴中，灰色背景带有黑点的帧为关键帧。表示在当前场景中存在一个关键帧，在关键帧相对应的舞台中存在一些内容，如图 5.19 所示。

图 5.18　　　　　　　　　　　　　　图 5.19

　　在时间轴中，存在多个帧。带有黑色圆点的第 1 帧为关键帧，最后 1 帧上面带有黑的矩形框，为普通帧。除了第 1 帧以外，其他帧均为普通帧，如图 5.20 所示。

（3）动作补间帧

　　在时间轴中，带有黑色圆点的第 1 帧和最后 1 帧为关键帧，中间蓝色背景带有黑色箭头的帧为补间帧，如图 5.21 所示。

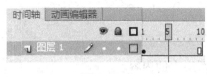
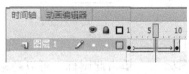

图 5.20　　　　　　　　　　　　　　图 5.21

（4）形状补间帧

　　在时间轴中，带有黑色圆点的第 1 帧和最后 1 帧为关键帧，中间绿色背景带有黑色箭头的帧为形状补间帧，如图 5.22 所示。

　　【提示】在时间轴中，帧上出现虚线，表示是未完成或中断了的补间动画，虚线表示不能够生成补间帧，如图 5.23 所示。

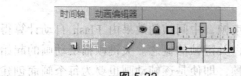

图 5.22   图 5.23

（5）包含动作语句的帧

在时间轴中，第 1 帧上出现一个字母"a"，表示这 1 帧中包含了使用"动作"面板设置的动作语句，如图 5.24 所示。

（6）帧标签

在时间轴中，第 1 帧上出现一只红旗，表示这一帧的标签类型是名称。红旗右侧的"wo"是帧标签的名称，如图 5.25 所示。

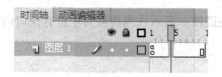

图 5.24   图 5.25

3. 时间轴面板

"时间轴"面板由图层面板和时间轴组成，如图 5.26 所示。

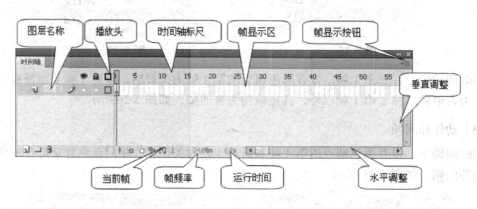

图 5.26

眼睛图标 👁：单击此图标，可以隐藏或显示图层中的内容。

锁状图标 🔒：单击此图标，可以锁定或解锁图层。

线框图标 ▢：单击此图标，可以将图层中的内容以线框的方式显示。

"插入图层"按钮 ▫：用于创建图层。

"插入图层文件夹"按钮 ▭：用于创建图层文件夹。

"删除图层"按钮 🗑：用于删除无用的图层。

4. 绘图纸（洋葱皮）功能

一般情况下，Flash 的舞台只能显示当前帧中的对象。如果希望在舞台上出现多帧对象以帮助当前帧对象的定位和编辑，Flash 提供的绘图纸（洋葱皮）功能可以将其实现。

在时间轴面板下方的按钮功能如下。

"帧居中"按钮 ⬚：单击此按钮，播放头所在帧会显示在时间轴的中间位置。

"绘图纸外观"按钮 ⬚：单击此按钮，时间轴标尺上出现绘图纸的标记显示，在标记范围内的帧上的对象将同时显示在舞台中。

"绘图纸外观轮廓"按钮 ⬚：单击此按钮，时间轴标尺上出现绘图纸的标记显示，在标记范围内的帧上的对象将以轮廓线的形式同时显示在舞台中。

"编辑多个帧"按钮 ⬚：单击此按钮，绘图纸标记范围内的帧上的对象将同时显示在舞台中，可以同时编辑所有的对象。

"修改绘图纸标记"按钮 ⬚：单击此按钮，弹出下拉菜单，如图5.27 所示。

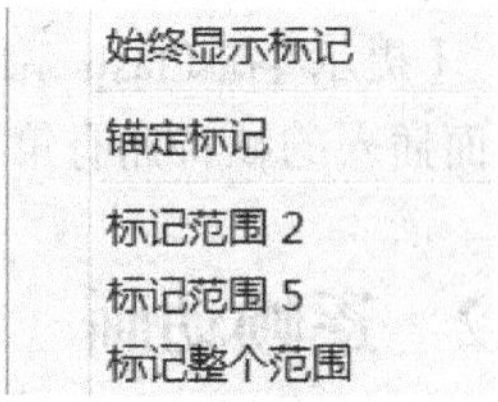

> 始终显示标记
> 锚定标记
> 标记范围 2
> 标记范围 5
> 标记整个范围
>
> 图 5.27

◇ "始终显示标记"命令：在时间轴标尺上总是显示出绘图纸标记。

◇ "锚定标记"命令：将锁定绘图纸标记的显示范围，移动播放头将不会改变显示范围。

◇ "标记范围 2"命令：绘图纸标记显示范围为当前帧的前 2 帧开始，到当前帧的后 2 帧结束。

◇ "标记范围 5"命令：绘图纸标记显示范围为当前帧的前 5 帧开始，到当前帧的后 5 帧结束。

◇ "标记整个范围"命令：绘图纸标记显示范围为时间轴中的所有帧。

5. 在时间轴面板中设置帧

在时间轴面板中，可以对帧进行一系列的操作。

（1）插入帧

选择"插入>时间轴>帧"命令，或按 F5 键，可以在时间轴上插入一个普通帧。

选择"插入>时间轴>关键帧"命令，或按 F6 键，可以在时间轴上插入一个关键帧。

选择"插入>时间轴>空白关键帧"命令，或按 F7 键，可以在时间轴上插入一个空白关键帧。

（2）选择帧

选择"编辑>时间轴>选择所有帧"命令，选中时间轴中的所有帧。

单击要选的帧，帧变为深色。

用鼠标选中要选择的帧，再向前或向后进行拖曳，其间鼠标经过的帧全部被选中。

按住 Ctrl 键的同时，用鼠标单击要选择的帧，可以选择多个不连续的帧。

按住 Shift 键的同时，用鼠标单击要选择的两个帧，这两个帧中间的所有帧都被选中。

（3）移动帧

选中一个或多个帧，按住鼠标，移动所选帧到目标位置。在移动过程中，如果按住 Alt 键，会在目标位置上复制出所选的帧。

选中一个或多个帧，选择"编辑>时间轴>剪切帧"命令，或按 Ctrl+Alt+X 组合键，剪切所选的帧；选中目标位置，选择"编辑>时间轴>粘贴帧"命令，或按 Ctrl+Alt+V 组合键在目标位置上粘贴所选的帧。

（4）删除帧

用鼠标右键单击要删除的帧，在弹出的菜单中选择"清除帧"命令。

选中要删除的普通帧，按 Shift+F5 组合键删除帧。选中要删除的关键帧，按 Shift+F6 组合键，删除关键帧。

【提示】在 Flash 系统默认状态下，时间轴面板中每一个图层的第 1 帧都被设置为关键帧，后面插入的帧将拥有第 1 帧中的所有内容。

5.2　逐帧动画

应用帧可以制作帧动画或逐帧动画，利用在不同帧上设置不同的对象来实现动画效果。

5.2.1　课堂案例——"川剧变脸"效果

【案例学习目标】

通过制作模拟"川剧变脸"动画掌握逐帧动画的制作方法。

【案例知识要点】

本例利用从外部导入静态图片和文字工具来完成"川剧变脸"的逐帧动画制作，如图 5.28 所示。

1. 制作背景。

① 新建一个 Flash 文档，设置文档"帧频"为"1" fps，其他文档属性使用默认参数。

② 将默认的"图层 1"重命名为"背景"层，执行"文件>导入>导入到舞台命令"，将"素材>制作川剧变脸>背景图片.png"图像文件导入到舞台，如图 5.29 所示。

图 5.28

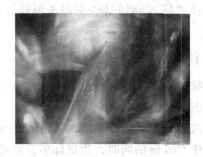

图 5.29

2. 制作变脸动画

① 在"背景"图层之上新建一个图层并重命名为"变脸效果",然后选中"背景"图层的第 5 帧,按 F5 键插入帧,此时的时间轴状态如图 5.30 所示。

② 选中"变脸效果"图层的第 1 帧,执行"文件>导入>导入到舞台"命令,将 "素材>川剧变脸>脸谱>鲍自安.png"图像文件导入到舞台,并调整使其相对舞台居中对齐,效果如图 5.31 所示。

图 5.30   图 5.31

③ 选中"变脸效果"图层的第 2 帧,按 F7 键插入一个空白关键帧,然后执行"文件>导入>导入到舞台"命令,将"素材>川剧变脸>脸谱>鼓越.png"图像文件导入到舞台,并调整使其相对舞台居中对齐,效果如图 5.32 所示。

图 5.32

④ 用同样的方法分别给"变脸效果"图层的第 3 帧、第 4 帧、第 5 帧导入图像"夏侯婴"、"张颌"、"马谡",最终效果如图 5.33 ~ 图 5.35 所示。此时时间轴状态如图 5.36 所示。

图 5.33   图 5.34

图 5.35

图 5.36

3. 制作文字逐帧动画。

① 在"变脸效果"图层上面新建一个图层，并重命名为"文字效果"图层，选中"文字效果"图层的第 2 帧，然后按 F7 键插入一个空白关键帧。

② 选择"文本"工具，设置字体的"系列"为"宋体"（大家可以设置为自己喜欢的字体或者自行购买外部字体库），"颜色"设置为（#FFFF00），"大小"为 100，然后在舞台上输入"川"字，并设置文字到舞台的左上角，如图 5.37 所示。

③ 选中"文字效果"图层的第 3 帧，按 F6 键插入一个关键帧，然后在该帧输入一个"剧"字，并设置"剧"字的位置到舞台的右上角，效果如图 5.38 所示。

图 5.37

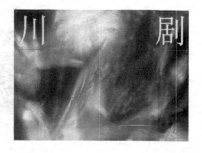

图 5.38

④ 利用相同的方法，分别在第 4 帧和第 5 帧输入"变"、"脸"，如图 5.39、图 5.40 所示。

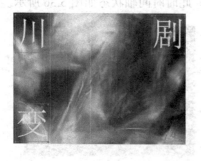

图 5.39

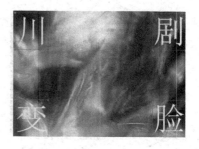

图 5.40

⑤ 保存测试影片，川剧变脸动画制作完成。

5.2.2　理论知识归纳与总结

1.　逐帧动画的特点

制作类似传统动画，每一个帧都是关键帧，整个动画是通过关键帧的不断变化产生的，不依靠 Flash 的运算。需要绘制每一个关键帧中的对象，每个帧都是独立的，在画面之间可以是互不相关的。

2.　创建逐帧动画的方法

创建逐帧动画的典型方法主要有以下 3 种：

① 从外部导入素材生成逐帧动画，如导入静态的图片、序列图像和 GIF 动态图片等。

② 使用数字或者文字制作逐帧动画，如实现文字跳跃或旋转等特效动画。

③ 绘制矢量逐帧动画，利用各种制作工具在场景中绘制连续变化的矢量图形，从而形成逐帧动画。

5.2.3　举一反三

操作提示：本例主要使用导入到舞台命令导入外部静态图片序列图，并利用逐帧动画的方式书写文字。效果如图 5.41 所示。

图 5.41

【课后练习】

1. 请利用逐帧动画的制作方法，制作一个人在笔记本上写作"一生一世"4 个字的过程（见图 5.42）。

【练习知识要点】制作"一生一世"动画时，先将文字打散成矢量图形，然后采用利用擦除法从最后一个字的最后一笔向前逐一擦除文字笔画，再采用翻转帧命令即可实现动画效果。

2. 制作仙鹤飞翔动画（见图 5.43）。

【练习知识要点】首先新建一个 Flash 文档，然后将序列图像导入到舞台中，制作仙鹤飞翔的动画效果。

图 5.42

图 5.43

3. 请利用逐帧动画制作一个旗帜飘扬的动画（见图 5.44）。

【练习知识要点】利用绘图工具，在不同的帧上绘制红旗在空中不同的状态。

图 5.44

4. 闪光文字效果（见图 5.45）。

【练习知识要点】利用文字工具和逐帧动画原理，将不同帧上的字设置成不同颜色。

I love you I love you I love you

图 5.45

第六章　元件和库

在 Flash 中，元件起着举足轻重的作用。通过重复应用元件，可以提高工作效率、减少文件量。本章讲解了元件的创建、编辑、应用，以及库面板的使用方法。大家通过学习要了解并掌握如何应用元件的相互嵌套及重复应用来制作出变化无穷的动画效果。

【课堂学习目标】

1. 元件与库面板。
2. 实例的创建与应用。

6.1　元件与库面板

元件就是可以被不断重复使用的特殊对象符号。当不同的舞台剧幕上有相同的对象进行表演时，用户可先建立该对象的元件，需要时只需在舞台上创建该元件的实例即可。在 Flash 文档的库面板中可以存储创建的元件以及导入的文件。只要建立 Flash 文档，就可以使用相应的库。

6.1.1　课堂案例——制作快乐

【案例学习目标】

使用绘图工具绘制图形，使用变形工具调整图形的大小和位置。

【案例知识要点】

使用椭圆工具绘制云朵图形，使用创建补间动画命令制作动画，使用文本工具输入文字，使用任意变形工具调整元件的大小，如图 6.1 所示。

图 6.1

1. 导入并制作元件

① 选择"文件>新建"命令，在弹出的"新建文档"对话框中选择"Flash 文档"选项，单击"确定"按钮，进入新建文档舞台窗口。按 Ctrl+F3 组合键，弹出文档"属性"面板，在弹出的对话框中将舞台窗口的"宽度"设为 478 像素，"高度"设为 352 像素，"背景颜色"设为白色，单击"确定"按钮。

② 选择"文件>导入>导入到库"命令，在弹出的"导入到库"对话框中选择"素材>制作快乐行动画>背景、文字"文件，单击"打开"按钮，文件被导入到"库"面板中，如图 6.2 所示。

③ 在"库"面板下方单击"新建元件"按钮，弹出"创建新元件"对话框，在"名称"选项的文本框中输入"云朵"，类型选项中选择"图形"选项，单击"确定"按钮，新建图形元件"云朵"，如图 6.3 所示，舞台窗口也随之转换为图形元件的舞台窗口。选择"椭圆"工具，在工具箱中将"笔触颜色"设为无，"填充颜色"设为白色，在舞台窗口中绘制椭圆形，如图 6.4 所示。使用相同的方法绘制多个椭圆形，效果如图 6.5 所示。

图 6.2

图 6.3

图 6.4

图 6.5

④ 在"库"面板下方单击"新建元件"按钮，弹出"创建新元件"对话框，在"名称"选项的文本框中输入"影片云彩"，在类型选项中选择"影片剪辑"选项，单击"确定"按钮，新建影片剪辑元件"影片云彩"，如图 6.6 所示，舞台窗口也随之转换为影片剪辑元件的舞台窗口。

⑤ 将"库"面板中的图形元件"云朵"拖曳到舞台窗口的右侧，如图 6.7 所示。在"时间轴"面板中选中"图层 1"的第 25 帧，按 F6 键，插入关键帧，如图 6.8 所示。

图 6.6

图 6.7

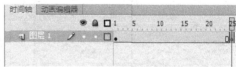

图 6.8

⑥　在舞台窗口中将图形元件向左拖曳到适当的位置，如图 6.9 所示。选中"图层 1"的第 1 帧，在舞台窗口中选中"云朵"，在"属性"面板"颜色"选项的下拉列表中选择"Alpha"选项，在右侧的数字框中输入 0%，如图 6.10 所示。

图 6.9

图 6.10

⑦　选中"图层 1"的第 25 帧，在舞台窗口中选中"云朵"实例，如图 6.11 所示，在"属性"面板"颜色"选项下拉列表中选择"Alpha"选项，在右侧的数字框中输入 63%，如图 6.12 所示。选中"图层 1"的第 1 帧，单击鼠标右键，在弹出的菜单中选择"创建传统补间

动画"命令，如图 6.13 所示。

图 6.11

图 6.12

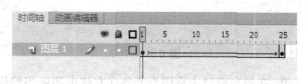

图 6.13

⑧ 在"库"面板下方单击"新建元件"按钮，弹出"创建新元件"对话框，在"名称"选项的文本框中输入"文字按钮"，在"类型"选项中选择"按钮"选项，单击"确定"按钮，新建按钮元件"文字按钮"，如图 6.14 所示，舞台窗口也随之转换为按钮元件的舞台窗口。将"库"面板中的图形元件"文字"拖曳到舞台窗口的中心位置，如图 6.15 所示。

图 6.14

图 6.15

⑨ 选中"图层 1"的"指针经过"帧，按 F6 键，插入关键帧，如图 6.16 所示。多次按 Ctrl+B 组合键，将文字打散，如图 6.17 所示，在工具箱中将"填充颜色"设为黄色(#FFFF00)，将文字更改为黄色，效果如图 6.18 所示。

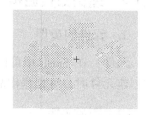

|图 6.16|图 6.17|图 6.18|

2. 在场景中编辑元件

① 单击"时间轴"面板下方的"场景 1"图标 场景1，进入"场景 1"的舞台窗口。将"图层 1"重新命名为"图片"。将"库"面板中的"背景"图形拖曳到舞台窗口的中心位置，效果如图 6.19 所示。

② 单击"时间轴"面板下方的"插入图层"按钮，创建新图层并将其命名为"动画"，分别将"库"面板中的影片剪辑元件"影片云彩"和按钮元件"文字按钮"拖曳到舞台窗口中，并放置到合适的位置。选择"选择"工具，在舞台窗口中选中"影片云彩"实例，如图 6.20 所示。

图 6.19

图 6.20

③ 选择"任意变形"工具，实例周围出现控制点，用鼠标向内侧拖曳右上方的控制点，将实例缩小，如图 6.21 所示，单击舞台窗口中的任意地方取消选中状态。按住 Alt 键的同时，用鼠标向外拖曳"影片云彩"实例，将其复制 2 次并分别改变其大小。选择"选择"工具，按住 shift 键的同时，选中所有的"影片云彩"实例，效果如图 6.22 所示。快乐行动画效果制作完成，按 Ctrl+Enter 组合键即可查看效果。

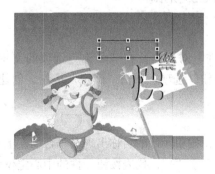

图 6.21

图 6.22

6.1.2　理论知识归纳与总结

1.　元件的类型

元件：在 Flash 中可以将元件分为 3 种类型，即图形元件、按钮元件、影片剪辑元件。在创建元件时，可根据作品的需要来判断元件的类型。

（1）图形元件

图形元件 一般用于创建静态图像或创建可重复使用的、与主时间轴关联的动画，它有自己的编辑区和时间轴。如果在场景中创建元件的实例，那么实例将受到主场景中时间轴的约束。换句话说，图形元件中的时间轴与其实例在主场景的时间轴同步。另外，在图形元件中可以使用矢量图、图像、声音和动画的元素，但不能为图形元件提供实例名称，也不能在动作脚本中引用图形元件，并且声音在图形元件中失效。

（2）按钮元件

按钮元件 是创建能激发某种交互行为的按钮。创建按钮元件的关键是设置 4 种不同状态的帧，即"弹起"（鼠标抬起）、"指针经过"（鼠标移入）、"按下"（鼠标按下）、"点击"（鼠标响应区域在这个区域创建的图形不会出现在画面中）。

（3）影片剪辑元件

影片剪辑元件 也像图形元件一样有自己的编辑区和时间轴，但又不完全相同。影片剪辑元件的时间轴是独立的，它不受其实例在主场景时间轴（主时间轴）的控制。比如，在场景中创建影片剪辑元件的实例，此时即便场景中只有一帧，在影片剪辑中也可播放动画。另外，在影片剪辑元件中可以使用矢量图、图像、声音、影片剪辑元件、图形组件和按钮组件等，并且能在动作脚本中引用影片剪辑元件。

2.　创建图形元件

选择"插入>新建元件"命令，弹出"创建新元件"对话框，在"名称"选项的文本框中输入"梅花鹿"，在"类型"选项下拉列表中选择"图形"选项。单击"确定"按钮，创建一个新的图形元件"梅花鹿"，如图 6.23 所示。图形元件的名称出现在舞台的左上方，舞台切换到了图形元件"梅花鹿"的窗口，窗口中间出现十字"+"，代表图形元件的中心定位点，如图 6.24 所示。在"库"面板中显示图形元件，如图 6.25 所示。

3.　创建按钮元件

选择"插入>新建元件"命令，弹出"创建新元件"对话框，在"名称"选项的文本框中输入"开始"，在"类型"选项下拉列表中选择"按钮"选项。单击"确定"按钮，创建一个新的按钮元件"开始"。

"库"面板中显示按钮元件。

单击"确定"按钮，创建一个新的按钮元件"开始"。按钮元件的名称出现在舞台的左上方，舞台切换到了按钮元件"开始"的窗口，窗口中间出现十字"+"，代表按钮元件的中心定位点。在"时间轴"窗口中显示出 4 个状态帧："弹起"、"指针经过"、"按下"、"点击"，如图 6.26 所示。

图 6.23　　　　　　　　　　　图 6.24　　　　　　　　　　　图 6.25

图 6.26

"弹起"帧：设置鼠标指针不在按钮上时按钮的外观。

"指针经过"帧：设置鼠标指针放在按钮上时按钮的外观。

"按下"帧：设置按钮被单击时的外观。

"点击"帧：设置响应鼠标单击的区域。此区域在影片里不可见。

4. 创建影片剪辑元件

选择"插入 > 新建元件"命令，弹出"创建新元件"对话框，在"名称"选项的文本框中输入"变形"，在"类型"选项下拉列表中选择"影片剪辑"选项，如图 6.27 所示。单击"确定"按钮，创建一个新的影片剪辑元件"变形"，如图 6.28 所示的"库"面板中显示影片剪辑元件。

图 6.27　　　　　　　　　　　　　　　图 6.28

5. 转换元件

（1）将图形转换为图形元件

如果在舞台上已经创建好矢量图形并且以后还要再次应用，可将其转换为图形元件。

选中矢量图形，然后选择"修改>转换为元件"命令，或按 F8 键，弹出"转换为元件"对话框，在"名称"选项的文本框中输入要转换元件的名称，选中"图形"元件，单击"确定"按钮，矢量图形被转换为图形元件。

（2）设置图形元件的中心点

选中矢量图形，选择"修改>转换为元件"命令，弹出"转换为元件"对话框，在对话框的"对齐"选项中有 9 个中心定位点，可以用来设置转换元件的中心点。选中右下方的定位点，如图 6.29 所示，单击"确定"按钮，矢量图形转换为图形元件，元件的中心点在其右下方，如图 6.30 所示。

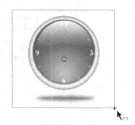

| 图 6.29 | 图 6.30 |

在"注册"选项中设置不同的中心点，转换的图形元件效果如图 6.31 所示。

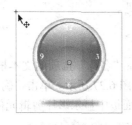
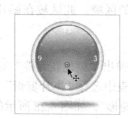
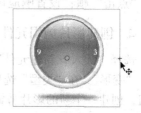

中心点在左上方　　　　　　中心点在中间　　　　　　中心点在右侧

图 6.31

（3）转换元件

在制作的过程中，可以根据需要将一种类型的元件转换为另一种类型的元件。

选中"库"面板中的图形元件，单击面板下方的"属性"按钮 ，弹出"元件属性"对话框，选中需要改变的类型选项即可。

6.1.3　举一反三

1. 制作游戏按钮

操作提示：本实例主要是对于新建按钮元件不同帧状态进行设置。首先使用"矩形工具"

绘制出按钮图形；其次使用"多角星形工具"绘制出按钮上的星形并输入文字；最后并修改不同帧状态中的按钮颜色、大小等相应属性。效果如图 6.32 所示。

图 6.32

6.2 实例的创建与应用

实例是元件在舞台上的一次具体使用。当修改元件时，该元件的实例也随之被更改。重复使用实例不会增加动画文件的大小，这是使动画文件保持较小体积的一个很好的方法。每一个实例都有区别于其他实例的属性，这可以通过修改该实例属性面板的相关属性来实现。

6.2.1 课堂案例——制作彩色按钮实例

【案例学习目标】

使用变形工具调整图形的大小，使用浮动面板制作实例。

【案例知识要点】

使用任意变形工具调整元件的大小，使用属性面板调整元件的不透明度，如图 6.33 所示。

图 6.33

① 打开"素材>制作彩色按钮实例>制作彩色按钮实例.fla"文件。将"图层 1"重新命名为"按钮"，如图 6.34 所示。按 Ctrl+L 组合键，调出"库"面板。将"库"面板中的图形元件"按钮"拖曳到舞台窗口适当的位置，效果如图 6.35 所示。将"库"面板中的图形元件"花朵"拖曳到"按钮"实例的左上方，如图 6.36 所示。

图 6.34　　　　　　　　　　　图 6.35

② 再次将"库"面板中的图形元件"花朵"拖曳到"按钮"实例的右下方，选择"任意变形"工具，用鼠标向外侧拖曳控制点来放大花朵图形，如图 6.37 所示。

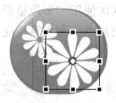

图 6.36   图 6.37

③ 在"属性"面板中，选中"颜色"选项下拉列表中的"Alpha"，将其值设为 24%，如图 6.38 所示，舞台窗口中的效果如图 6.39 所示。将"库"面板中的图形元件"文字"拖曳到"按钮"实例的下方，如图 6.40 所示。

图 6.38   图 6.39   图 6.40

④ 单击"时间轴"面板下方的"插入图层"按钮，创建新图层并将其命名为"背景"。将"库"面板中的图形元件"按钮"拖曳到舞台窗口中，覆盖住刚才的按钮图形，效果如图 6.41 所示。

⑤ 按 Ctrl+B 组合键，将"按钮"元件分离。在工具箱中将"填充颜色"设为灰色（#CCCCCC），将椭圆形填充为灰色，效果如图 6.42 所示。选择"任意变形"工具，将灰色图形放大一些，如图 6.43 所示。

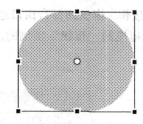

图 6.41   图 6.42   图 6.43

⑥ 将"背景"图层拖曳到"按钮"图层下方，如图 6.44 所示，舞台窗口的效果如图 6.45 所示。彩色按钮实例效果制作完成，按 Ctrl+Enter 组合键即可观看效果。

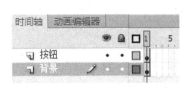

图 6.44　　　　　　　　　　　　　　图 6.45

6.2.2　理论知识归纳与总结

1.　建立实例

（1）建立图形元件的实例

选择"窗口>库"命令，弹出"库"面板，在面板中选中图形元件"钟表"，如图 6.46 所示，将其拖曳到场景中，场景中的钟表图形就是图形元件"钟表"的实例，如图 6.47 所示。

选中该实例，图形"属性"面板中的效果如图 6.48 所示。

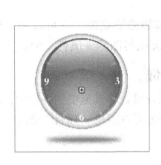

图 6.46　　　　　　　图 6.47　　　　　　　图 6.48

"交换"按钮：用于交换元件。

"X"、"Y"选项：用于设置实例在舞台中的位置。

"宽"、"高"选项：用于设置实例的宽度和高度。

"色彩效果"选项组中"样式"选项：用于设置实例的明亮度、色调和透明度。

"循环"选项组：会按照当前实例占用的帧数来循环包含在该实例内的所有动画序列。

◇　"播放一次"：从指定的帧开始播放动画序列，直到动画结束，然后停止。

◇　"单帧"：显示动画序列的一帧。

◇　"第一帧"选项：用于指定动画从哪一帧开始播放。

（2）建立按钮元件的实例

选中"库"面板中的选择一个按钮元件，将其拖曳到场景中，场景中的图形就是按钮元件的实例。

选中该实例，按钮"属性"面板中的效果如图 6.49 所示。

图 6.49

"实例名称"选项：可以在选项的文本框中为实例设置一个新的名称。

"音轨"选项组中的"选项"：

◇ "音轨作为按钮"：选择此选项，在动画运行中，当按钮元件被按下时画面上的其他对象不再响应鼠标操作。

◇ "音轨作为菜单项"：选择此选项，在动画运行中，当按钮元件被按下时其他对象还会响应鼠标操作。

"滤镜"选项：可以为元件添加滤镜效果，并可以编辑所添加的滤镜效果。

按钮"属性"面板中的其他选项与图形"属性"面板中的选项作用相同，不再一一讲述。

（3）建立影片剪辑元件的实例

选中"库"面板中的影片剪辑元件，将其拖曳到场景中，场景中就是影片剪辑元件的实例。

影片剪辑"属性"面板中的选项与图形"属性"面板、按钮"属性"面板中的选项作用相同，不再一一讲述。

2. 转换实例的类型

每个实例最初的类型，都是延续了其对应元件的类型。可以将实例的类型进行转换。

将图形元件拖曳到舞台中成为图形实例，并选择图形实例，如图 6.50 所示。在"属性"面板的上方，选择"实例行为"选项下拉列表中的"影片剪辑"，如图 6.51 所示，图形"属性"面板转换为影片剪辑"属性"面板，如图 6.52 所示。

图 6.50

图 6.51

图 6.52

3. 改变实例的颜色和透明效果

在舞台中选中实例，在"属性"面板中选择"颜色"选项的下拉列表，如图 6.53 所示。

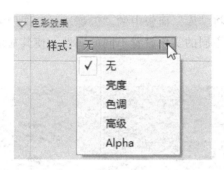

图 6.53

"无"选项：表示对当前实例不进行任何更改。如果对实例以前做的变化效果不满意，可以选择此选项，取消实例的变化效果，再重新设置新的效果。

"亮度"选项：用于调整实例的明暗对比度。可以在"亮度数量"选项中直接输入数值，也可以拖动右侧的滑块来设置数值，其默认的数值为 0，取值范围为-100~100。当取值大于0 时，实例变亮。当取值小于 0 时，实例变暗。

"色调"选项：用于为实例增加颜色。

"高级"选项：用于设置实例的颜色和透明效果，可以分别调节"红"、"绿"、"蓝"和"Alpha"的值。

"Alpha"选项：用于设置实例的透明效果。数值范围为 0~100。数值为 0 时实例不透明，数值为 100 时实例消失。

4. 分离实例

选中实例后，选择"修改>分离"命令，或按 Ctrl+B 组合键，将实例分离为图形，即变成为填充色和线条的组合。

5. 元件编辑模式

元件创建完毕后常常需要修改，此时需要进入元件编辑状态，修改完元件后又需要退出元件编辑状态进入主场景编辑动画。

① 进入组件编辑模式，可以通过以下几种方式：

◇ 在主场景中双击元件实例进入元件编辑模式。

◇ 在"库"面板中双击要修改的元件进入元件编辑模式。

◇ 在主场景中用鼠标右键单击元件实例，在弹出的菜单中选择"编辑"命令进入元件编辑模式。

◇ 在主场景中选择元件实例后，选择"编辑>编辑元件"命令进入元件编辑模式。

② 退出元件编辑模式，可以通过以下几种方式：

◇ 单击舞台窗口左上方的场景名称，进入主场景窗口。

◇ 选择"编辑>编辑文档"命令，进入主场景窗口。

6.2.3 举一反三

1. 制作闪烁星光动画

操作提示：本实例主要将"库"面板中的"闪烁星星"图形元件拖入多次到舞台中，为该元件创立多个实例，并对不同的实例设置不同的属性，使其显示出不同的明暗光亮，效果如图 6.54 所示。

图 6.54

【课后练习】

1. 制作卡通插画。

【练习知识要点】使用矩形工具和颜色面板绘制渐变背景，使用多角星形工具、椭圆工具和钢笔工具绘制星星笑脸，并将其制作成图形元件，使用任意变形工具调整实例的大小。如图 6.55 所示。

2. 美食电子菜单。

【习题知识要点】使用矩形工具绘制按钮效果，使用变形面板制作图像大小效果，使用文本工具添加文本，使用属性面板改变图像的位置，如图 6.56 所示。

图 6.55

图 6.56

第七章 创建补间动画

补间动画是 Flash 的重要动画形式，通过在两个关键帧之间创建补间动画可以轻松实现两关键帧之间动画过渡效果。在 Flash 中补间动画分为补间形状动画和传统补间动画。本章将对补间形状动画和传统补间动画的原理进行深入讲解，并配以丰富的案例剖析从而使大家牢固掌握补间形状动画和传统补间动画的制作方法。

【课堂学习目标】

1. 掌握补间形状动画的制作原理。
2. 掌握补间形状动画的创建方法。
3. 掌握传统补间动画的制作原理。
4. 掌握传统补间动画的创建方法。

7.1 补间形状动画

7.1.1 课堂案例——制作"汉字的演变"

【案例学习目标】
本案例将使用补间形状动画来制作一个文字演变过程的模拟动画。
【案例知识要点】
补间形状动画的制作原理和创建方法，效果如图 7.1 所示。

图 7.1

1. 绘制太阳

① 新建一个 Flash 文档，设置文档尺寸"470 像素×600 像素"，帧频为"12"，文档其

他属性使用默认参数。

② 将默认的"图层 1"重命名为"背景"，然后在图层的第 100 帧处插入帧。

③ 执行"文件>导入>导入到舞台"命令，在弹出的"导入"对话框中选择"素材>制作"汉字的演变">卷轴.jpg"文件,将其导入到舞台中。

④ 设置图片的宽、高分别为"468"像素和"600"像素，并相对舞台居中对齐，使其刚好覆盖整个舞台，效果如图 7.2 所示。

⑤ 将"背景"图层锁定，在"背景"图层上新建图层并重命名为"日"。

⑥ 利用【椭圆】工具在"日"图层上绘制一个圆形，设置圆的宽高都为"80"像素，并设置圆的位置，如图 7.3 所示。

图 7.2

图 7.3

⑦ 选中绘制的"圆"，在"颜色"面板中设置"笔触颜色"为"无","填充颜色"为"径向渐变"，其中第 1、2 个色块颜色为"#FFFF00"， 其 Alpha 值为 100%。第 3 个色块为"#COCOCO",其 Alpha 值为 0%，效果如图 7.4 所示。使圆具有一定的太阳放光效果，如图 7.5 所示。

图 7.4

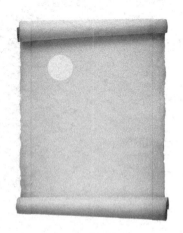

图 7.5

2. 制作补间形状动画

① 选中"日"图层的第 25 帧，按 F7 键插入空白关键帧，利用"文字"工具在该帧输入一个"日"字，在"属性"面板的"字符"栏中设置"颜色"为"黑色"，"大小"为"60"，"系列"为"甲骨文"（大家可以设置为自己喜欢的字体），效果如图 7.6 所示。

② 选中输入的"日"字，按 Ctrl+B 键将其打散。

③ 鼠标右键单击"日"图层的第 1 帧，在弹出的快捷菜单中选择"创建补间形状"命令，如图 7.7 所示，从而创建补间形状动画。

④ 选中"日"图层的第 50 帧，按 F6 键插入关键帧。

⑤ 选中"日"图层的第 75 帧，按 F7 键插入空白关键帧，利用"文字"工具在该帧输入一个"日"字，在"属性"面板的"字符"栏中设置"颜色"为"黑色"，"大小"为"60"，"系列"为"华文楷体"，效果如图 7.8 所示。

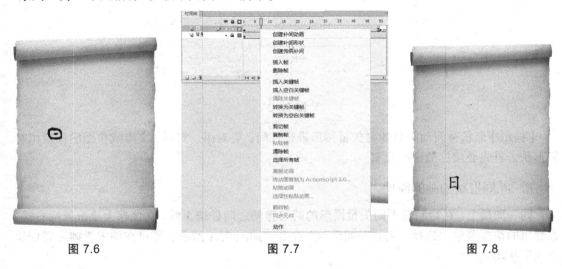

图 7.6   图 7.7   图 7.8

⑥ 选中输入的"日"字将其打散，然后在第 50 帧～第 75 帧之间创建补间形状动画，此时图层效果如图 7.9 所示。

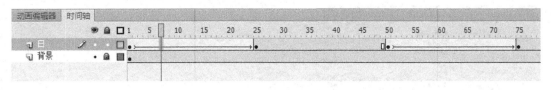

图 7.9

3. 制作"月"字演变过程

① 使用相同的方法，制作"月"字的演变过程。

② 保存测试影片，一个文字演变过程动画制作完成。

7.1.2 理论知识归纳与总结

1. 补间形状动画的制作原理

补间形状动画是指在两个或两个以上的关键帧之间对形状进行补间，从而创建出一个形状随着时间的改变而变成另一个形状的动画效果。

补间形状动画可以实现两个矢量图形之间颜色、形状、位置的变化，其原理如图7.10所示。

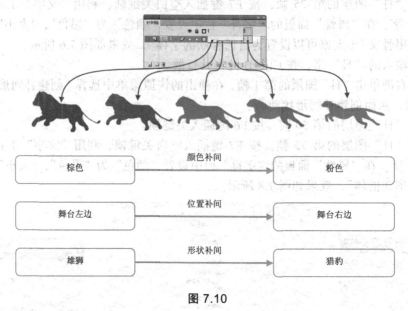

图 7.10

【提示】形状补间动画只能对矢量图形进行补间，要对组、实例、文本或位图图像应用补间形状，首先必须打散这些元素。

2. 补间形状动画的原理

同一图层上，在绘制着不同矢量图形的两关键帧之间任选1帧，在该帧上单击鼠标右键，在弹出的快捷菜单中选择"创建补间形状"命令，如图7.11所示，即可在两关键帧之间创建补间形状动画。

如果两关键帧之中的任何一个关键帧中的内容不符合创建补间形状的要求或内容为空，将使创建补间形状动画失败，如图7.12所示。

图 7.11   图 7.12

3. 认识补间形状动画的属性面板

Flash 的"属性"面板随选定的对象不同而发生相应的变化。当建立了一个补间形状动画后，单击时间轴，其"属性"面板如图 7.13 所示。

图 7.13

在"补间"选项栏中经常使用的选项如下：

（1）"缓动"参数

在"缓动"参数中输入相应的数值，形状补间动画则会随之发生相应的变化。

① 其值在-100 ~ 0 之间时，动画变化的速度从慢到快。

② 其值在 0 ~ 100 之间时，动画变化的速度从快到慢。

③ 缓动为 0 时，补间帧之间的变化速率是不变的。

（2）"混合"下拉列表框

在"混合"下拉列表框中包含"角形"和"分布式"两个参数。

① "角形"是指创建的动画中间形状会保留有明显的角和直线，这种模式适合于具有锐化转角和直线的混合形状。

② "分布式"选项是指创建的动画中间形状比较平滑和不规则。

7.1.3 举一反三

【任务】制作"Loading 下载条"

【操作提示】使用矩形工具、任意变形工具、形状补间动画命令制作下载条的动画效果，使用文本工具添加文字效果（见图 7.14）。

图 7.14

7.2.1 课堂案例——制作流淌的奶油

【案例学习目标】

使用不同的绘图工具绘制图形，使用添加形状提示命令添加提示，使用属性面板制作动画。

【案例知识要点】

使用铅笔工具和平滑工具绘制流淌的奶油图形，使用添加形状提示命令制作奶油流淌的效果，效果如图 7.15 所示。

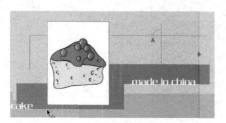

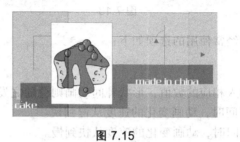

图 7.15

1. 导入图形

① 选择"文件>新建"命令，在弹出的"新建文档"对话框中选择"Flash 文档"选项，单击"确定"按钮，进入新建文档舞台窗口。按 Ctrl+F3 组合键，弹出文档"属性"面板，单击"大小"选项后面的按钮，在弹出的对话框中将舞台窗口的"宽度"设为 600 像素，"高度"设为 300 像素。

② 调出"库"面板，单击面板下方的"新建元件"按钮，弹出"创建新元件"对话框，在"名称"选项的文本框中输入"水果"，类型中选择"图形"选项。

③ 单击"确定"按钮，新建一个图形元件"水果"，舞台窗口也随之转换为图形元件的舞台窗口。选择"文件>导入>导入到舞台"命令，在弹出的"导入"对话框中选择"素材>制作流淌的奶油>水果"文件，单击"打开"按钮，文件被导入到舞台窗口中，效果如图 7.16 所示。

④ 用相同的方法再创建一个图形元件"蛋糕"，在"蛋糕"元件的舞台窗口中，导入"素材>制作流淌的奶油>蛋糕"文件，效果如图 7.17 所示。

图 7.16

图 7.17

⑤ 在"库"面板下方单击"新建元件"按钮，弹出"创建新元件"对话框，在"名称"选项的文本框中输入"流淌的奶油"，类型中选择"影片剪辑"选项，单击"确定"按钮，新建一个影片剪辑元件"流淌的奶油"，舞台窗口也随之转换为影片剪辑元件的舞台窗口。

⑥ 将"库"面板中的元件"蛋糕"拖曳到舞台窗口的中间。将"图层1"重新命名为"蛋糕"。在时间轴上用鼠标单击第45帧，按F5键，在该帧上插入普通帧，如图7.18所示。

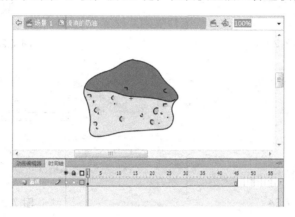

图 7.18

2. 制作流淌的奶油

① 单击"时间轴"面板下方的"插入图层"按钮，创建新图层并将其命名为"奶油动"。选择"铅笔"工具，在工具箱中将"笔触颜色"设为黑色，在工具箱下方的"选项"选项组中选择"平滑"选项，在蛋糕上绘制一条封闭的曲线作为奶油的轮廓，如图7.19所示。

② 单击"奶油动"图层的第45帧，按F6键，插入一个关键帧。在第45帧对应的舞台窗口中，绘制奶油流淌下来的效果，如图7.20所示。用选择工具选中多余的线条，按Delete键，进行删除，删除完成后效果如图7.21所示。

图 7.19   图 7.20   图 7.21

③ 选择"颜料桶"工具，在工具箱中将"填充颜色"设为紫色（#9933FF），在工具箱下方的选项中选择"封闭大空隙"，选中"奶油动"图层的第1帧，用鼠标在封闭的曲线中单击，为奶油填充颜色，如图7.22所示。选中"奶油动"图层的第45帧，在舞台窗口中为流淌的奶油填充颜色，如图7.23所示。

④ 选中"奶油动"图层的第1帧，在时间轴上单击右键，选择"创建补间形状"命令如图7.24所示。在第1帧~第45帧设置变形动画，如图7.25所示。

图 7.22

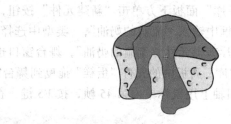

图 7.23

图 7.24

图 7.25

⑤ 选中"奶油动"图层的第 1 帧，选择"修改>形状>添加形状提示"（其快捷键为 Ctrl+Shift+H）命令，在奶油的中间出现红色的提示点"a"，如图 7.26 所示，将提示点移动到奶油的左上方，如图 7.27 所示。选中"奶油动"图层的第 45 帧，第 45 帧的奶油上也出现相应的提示点"a"，如图 7.28 所示。

图 7.26

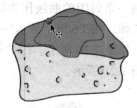

图 7.27

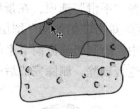

图 7.28

⑥ 将奶油上的提示点移动到其左上方，提示点从红色变为绿色，如图 7.29 所示。选中第 1 帧，可以观察到刚才红色的提示点变为黄色，如图 7.30 所示，这表示在第 1 帧中的提示点和第 45 帧的提示点已经相互对应。

图 7.29

图 7.30

⑦ 用相同的方法在第 1 帧的奶油图形中再添加 4 个提示点，分别为"b"、"c"、"d"、"e"，

并按顺时针方向将其放置在奶油图形的边线上，如图 7.31 所示。在第 45 帧中，将"b"、"c"、"d"、"e"提示点按顺时针的方向分别设置在奶油图形的边线上，如图 7.32 所示，完成提示点的设置。

⑧ 单击"时间轴"面板下方的"插入图层"按钮，创建新图层并将其命名为"水果"。将"库"面板中的图形元件"水果"拖曳到舞台窗口中，如图 7.33 所示。

图 7.31   图 7.32   图 7.33

⑨ 再重复拖曳 4 次图形元件"水果"，并应用"任意变形"工具毯改变水果的大小及倾斜度，如图 7.34 所示。单击"时间轴"面板下方的"插入图层"按钮，创建新图层并将其命名为"水果动"。将图形元件"水果"拖曳到舞台窗口中并将其缩小，如图 7.35 所示。

⑩ 选中"水果动"图层的第 45 帧，按 F6 键，插入一个关键帧，将第 45 帧中的"水果"实例向下移动，如图 7.36 所示。

图 7.34   图 7.35   图 7.36

⑪ 用鼠标右键单击"水果动"图层的第 1 帧，在弹出的菜单中选择"创建补间形状"动画命令，在第 1 帧~第 45 帧生成动作补间动画，如图 7.37 所示。

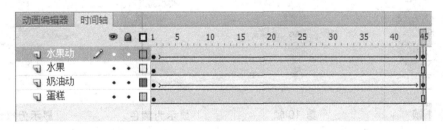

图 7.37

⑫ 单击"时间轴"面板下方的"场景 1"图标，进入"场景 1"的舞台窗口。选择"文件>导入>导入到舞台"命令，在弹出的"导入"对话框中选择"素材>制作流淌的奶油>背景图"文件，单击"打开"按钮，文件被导入到舞台窗口中，在组"属性"面板中将"X"、"Y"

选项的数值设为 0，如图 7.38 所示。

⑬ 导入的图形被放置在舞台窗口的正中位置。将"库"面板中的影片剪辑元件"流淌的奶油"拖曳到舞台窗口中，应用"任意变形"工具改变其大小并放置在背景图中白色矩形的中间，效果如图 7.39 所示。流淌的奶油制作完成，按 Ctrl+Enter 组合键即可查看效果。

图 7.38

图 7.39

7.2.2 理论知识归纳与总结

1. 形状提示点原理

当用补间形状动画制作一些较为复杂的变形动画时，常常会使画面变得混乱，根本达不到用户想要的变化过程，这时就需要使用形状提示点来进行控制。使用变形提示，可以让原图形上的某一点变换到目标图形的某一点上。应用变形提示可以制作出各种复杂的变形效果。

（1）添加形状提示

单击补间形状动画的开始帧，执行"修改>形状>添加形状提示"命令或按 Ctrl+Alt+H 组合键。这样在形状上就会增加一个带字母的红色圆圈，相应地在结束帧的形状上也会增加形状提示符，如图 7.40 所示。

分别将这两个形状提示符安放到适当的位置时，起始关键帧上的形状提示点为黄色，结束关键帧的形状提示点为绿色，如图 7.41 所示。

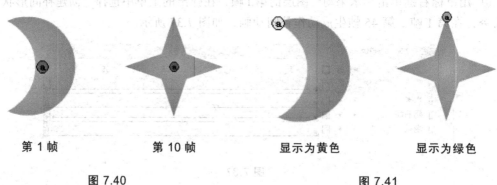

第 1 帧   第 10 帧   显示为黄色   显示为绿色

图 7.40   图 7.41

（2）形状提示原理

继续添加形状提示点，并调节提示点位置，此时图形的变化过程如图 7.42 所示。

图 7.42 使用形状提示

图 7.43 所示为未添加形状提示点的变化过程。经过观察可以清楚地了解形状提示的功能和原理，即形状提示点用于识别起始形状和结束形状中相对应的点，并用字母 a 到 z 来表示。

图 7.43 未使用形状提示

【提示】形状提示点一定要按顺时针的方形添加，顺序不能错，否则无法实现效果。

7.2.3 举一反三

任务：制作"旋转三棱锥"
操作提示：
本案例主要是采用补间形状动画制作手段进行制作，并利用形状提示点动画来制作一旋转的三棱锥效果。其制作思路及效果图如图 7.44 所示。

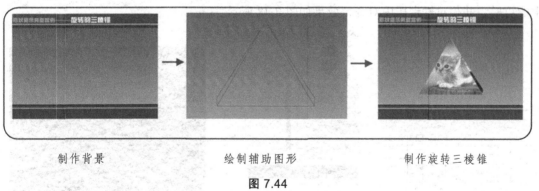

制作背景　　　　　绘制辅助图形　　　　　制作旋转三棱锥

图 7.44

7.3 传统补间动画

传统补间动画是 Flash 的重要动画表现形式，通过在两个关键帧之间创建传统补间动画可以轻松实现两关键帧之间元件的动画过渡效果。传统补间动画作为 Flash 以前版本的主要动画制作工具，可以被使用来实现几乎每一种动画效果。

7.3.1 课堂案例——制作"蝙蝠与月亮"

【案例学习目标】

使用变形工具调整图形大小，使用创建传统补间动画命令制作动画。

【案例知识要点】

使用任意变形工具将蝙蝠翅膀进行变形，然后利用补间动画制作手段制作蝙蝠在夜空中飞行的动画效果，使大家更好的掌握传统动作补间动画的制作方法。效果如图 7.45 所示。

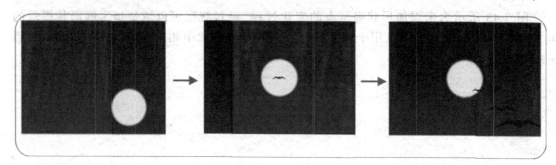

| 制作月亮升起 | 制作蝙蝠飞向月亮 | 最终效果 |

图 7.45

1. 绘制夜空

① 新建一个 Flash 文档，设置"帧频"为"12"fps，文档所有属性使用默认参数。

② 新建并重命名图层，得到如图 7.46 所示的效果。

③ 选择"矩形"工具图，在"颜色"面板中设置"笔触颜色"为"无"，"填充颜色"为"线形渐变"，从左至右第 1 个色块颜色为"#000099"，第 2 个色块颜色为"黑色"，"颜色"面板效果如图 7.47 所示，在"背景"图层上绘制一个宽、高分别为"750"像素、"400"像素的矩形，并相对舞台居中对齐，效果如图 7.48 所示。

图 7.46

图 7.47

图 7.48

2. 绘制圆月

① 选择"椭圆"工具，在"颜色"面板中设置"笔触颜色"为"无"，设置"填充颜色"的"类型"为"径向渐变"，从左至右第 1 个色块颜色为"#FFFF00"，第 2 个色块为颜色"白

色"且其"Alpha"值为"0%",在"月亮"图层上绘制一个宽、高均为"138"像素的圆形,其位置对齐到舞台中央,效果如图 7.49 所示。

图 7.49

② 在舞台上选中刚刚绘制的月亮,按 F8 键将其转换影片剪辑元件并命名为"月亮"。

3. 制作蝙蝠飞翔效果

① 按 Ctrl+F8 新建一个影片剪辑元件并命名为"蝙蝠",单击"确定"按钮进入元件编辑界面。

② 新建并重命名图层,图层效果如图 7.50 所示。

③ 选择"椭圆"工具,设置"笔触颜色"为"无",设置"填充颜色"为"黑色",在"头部"图层上绘制一个"宽、高"均为"34.5"像素的圆形,位置居中对齐到舞台,效果如图 7.51 所示。

④ 选择"线条"工具,设置"笔触颜色"为"黑色",设置"笔触大小"为"1",在"左耳朵"图层上绘制一个三角形,效果如图 7.52 所示。

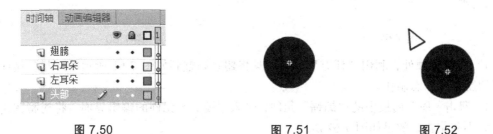

图 7.50　　　　　　　图 7.51　　　　　　　图 7.52

⑤ 选择"颜料桶"工具,设置"填充颜色"为"黑色",填充完成后删除边界线,并利用"选择"工具圈调整耳朵的形状,效果如图 7.53 所示。

⑥ 将"左耳朵"图层上的图形复制到"右耳朵"图层上,执行"修改>变形>水平翻转"命令,其水平翻转,并向右移动一段距离,使左右耳朵产生相对头部对称的效果,如图 7.54 所示。

⑦ 将两只耳朵向舞台下方移动,直至蝙蝠的头部,效果如图 7.55 所示。

⑧ 选择"线条"工具图,在"属性"面板中设置"笔触颜色"为"黑色","笔触大小"为"1",在"翅膀"图层上绘制一个翅膀的图形,效果如图 7.56 所示。

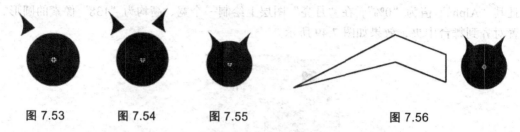

图 7.53　　　图 7.54　　　图 7.55　　　　　　图 7.56

⑨ 利用"颜料桶"工具将翅膀填充为"黑色",填充完成后删除边界线,并利用"选择"工具调整翅膀的形状,效果如图 7.57 所示。

⑩ 选中舞台上的翅膀图形,按 F8 键将其转换为影片剪辑元件,并命名为"翅膀",进入元件编辑界面,在前 4 帧都按 F6 键插入关键帧。效果如图 7.58 所示。

图 7.57　　　　　　　　　　　　图 7.58

⑪ 在第 2 帧处,利用"任意变形"工具将翅膀调整到如图 7.59 所示的形状。

⑫ 在第 3 帧处,利用"任意变形"工具将翅膀调整到如图 7.60 所示的形状。

图 7.59　　　　　　　　　　　　图 7.60

⑬ 在第 4 帧处,利用"任意变形"工具将翅膀调整到如图 7.61 所示的形状。这样就完成了翅膀飞翔状态制作。

⑭ 双击"库"面板中的"蝙蝠"元件,进入"蝙蝠"元件的编辑界面。将翅膀调整到合适的大小和位置,效果如图 7.62 所示。

图 7.61　　　　　　　　　　　　图 7.62

⑮ 选中舞台上的"翅膀"文件,按 Ctrl+C 键复制,按 Ctrl+Shift+V 组合键粘贴到当前

位置，并执行"修改>变形>水平翻转"命令将其水平翻转，最后调整其水平位置，效果如图7.63所示。蝙蝠飞翔效果制作完成。

图 7.63

4. 制作蝙蝠飞向月亮的动画

① 返回到主场景中，在3个图层的第120帧处插入帧，效果如图7.64所示。

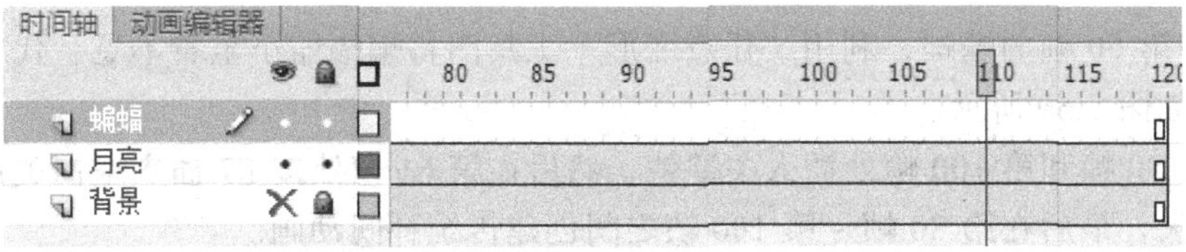

图 7.64

② 在"背景"图层的第20帧处按F6插入关键帧，并在第1帧~第20帧之间创建形状补间动画。

③ 选中"背景"图层上第1帧的图形，利用"填充变形"工具调整填充的颜色，将颜色中心向上移动一段距离，效果如图7.65所示。

④ 选择"月亮"图层，在第20帧处按F6插入关键帧，并在第1帧~第20帧之间创建传统补间动画。

⑤ 选中"月亮"图层上第1帧的月亮，将其拖放到画布之外，效果如图7.66所示。

图 7.65

图 7.66

⑥ 选择"蝙蝠"图层，在第21帧处按F6插入关键帧，将"库"面板的"蝙蝠"元件拖入舞台，调整它的"宽"为"108"像素，"高"分为"18.4"像素，并相对舞台居中对齐，效果如图7.67所示。然后在第35帧、第45帧和第60帧处插入关键帧，并在第21帧~第35帧，第45帧~第60帧之间创建传统补间动画。

⑦ 选中第21帧的蝙蝠，将其拖放到画布之外，并利用"任意变形"工具将蝙蝠放大，

效果如图 7.68 所示，完成蝙蝠飞入的动画效果。

图 7.67   图 7.68

⑧ 选中第 60 帧的蝙蝠，利用"任意变形"工具图将蝙蝠缩小至看不见，代表蝙蝠越飞越远，效果如图 7.69 所示。

⑨ 在第 80 帧和第 100 帧处插入关键帧，然后在第 61 帧处按 F7 插入空白关键帧，代表蝙蝠完成消失，最后在第 80 帧~第 100 帧之间创建传统补间动画。

⑩ 选中第 100 帧的蝙蝠，将其拖放到画布之外，利用"任意变形"工具将蝙蝠拉大，效果如图 7.70 所示，完成蝙蝠飞出的效果。

图 7.69   图 7.70

⑪ 新建两个图层并重命名，得到如图 7.71 所示的效果。

图 7.71

⑫ 选中"蝙蝠"图层的第 21 帧到第 101 帧，单击鼠标右键，在弹出的快捷菜单中选择"复制帧"命令，分别在"蝙蝠 2"图层的第 25 帧和"蝙蝠 3"图层的第 30 帧单击鼠标右键，在弹出的菜单中选择"粘贴帧"命令。

⑬ 删除时间轴上超出了 120 帧外的多余帧，效果如图 7.72 所示。

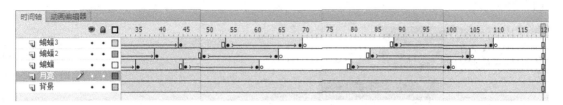

图 7.72

⑭ 保存测试影片，模拟蝙蝠和月亮的影片就制作完成。

7.3.2　理论知识归纳与总结

1. 传统补间动画原理

传统补间动画是指在两个或两个以上的关键帧之间对元件进行补间的动画，使一个元件随着时间变化其颜色、位置、旋转等属性，如图 7.73 所示。

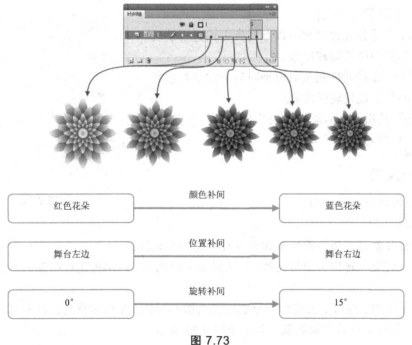

图 7.73

【提示】传统补间动画只能对元件进行补间，如果对非元件的对象进行传统补间动画时，软件将自动将其转化为元件。

2. 创建传统补间动画

在存储着同一元件两种不同属性的两关键帧之间任选 1 帧，直接在该帧上单击鼠标右键，在弹出的快捷菜单中选择"创建传统补间"命令，按图 7.74 所示操作就可创建传统补间动画。

如果两关键帧之中的任何一个关键帧中的内容不符合要求,传统补间动画就会创建失败,如图 7.75 所示。

图 7.74

图 7.75

3. 认识传统补间动画的属性面板

当选中传统补间动画的任意一帧时,其"属性"面板的状态如图 7.76 所示。

其中常用的选项为"旋转"和"缓动"选项,在"旋转"下拉列表中选择不同的方式,将使元件按安不同的方式旋转。

① "顺时针"是指元件播放时以顺时针方向进行旋转,并可在"x"参数中设置旋转次数。

② "逆时针"是指元件播放时以逆时针方向进行旋转,并可在"x"参数中设置旋转次数。

③ "自动"是指元件的旋转由用户自己进行设置。

④ "无"是指元件不产生旋转。

7.3.3 举一反三

图 7.76

任务:制作日夜交替动画

操作提示:

① 首先打开素材文档,将风车和背景转换为图形元件;

② 将风车的扇叶转换为图形元件,进入风车元件内部,利用传统补间动画制作扇叶旋转的动画;

③ 返回主场景,将两个天空图形分别转换为图形元件,并利用改变元件实例亮度和透明度的方法制作日夜交替的动画效果,效果如图 7.77 所示。

图 7.77

【课后练习】

1. 制作浪漫气球。

【习题知识要点】使用钢笔工具将人物从素材背景中分离出来；利用传统补间动画制作的方法制作星星闪动和气球摆动效果。效果如图 7.78 所示。

图 7.78

2. 制作节日贺卡动画。

【习题知识要点】打开已给定的素材文档，在其上新建一个图层，然后将"库"面板中的元件拖入舞台，并利用补间动画制作开幕动画，最后利用形状补间动画制作闪光变为文字的动画。效果如图 7.79 所示。

图 7.79

第八章 高级动画

层在 Flash 中有着举足轻重的作用。只有掌握层的概念和熟练应用不同性质的层，才有可能真正成为 Flash 的高手。本章详细介绍层的应用技巧和使用不同性质的层来制作高级动画。大家通过学习要了解并掌握层的强大功能，并能充分利用层来为自己的动画设计作品增光添彩。

【课堂学习目标】

1. 引导层与运动引导层的动画。
2. 遮罩层与遮罩的动画制作。

8.1 引导层与运动引导层动画制作

图层类似于叠在一起的透明纸，下面图层中的内容可以通过上面图层中不包含内容的区域透过来。除普通图层，还有一种特殊类型的图层——引导层。在引导层中，可以像其他层一样绘制各种图形和引入元件等，但最终发布时引导层中的对象不会显示出来。

8.1.1 课堂案例——制作飘落的花瓣

【案例学习目标】

使用绘图工具制作引导层，使用创建补间动画命令制作动画。

【知识要点】

使用铅笔工具绘制线条并添加运动引导层，使用创建补间动画命令制作出飘落的花瓣效果，如图 8.1 所示。

图 8.1

1. 导入图片

① 选择"文件>新建"命令,在弹出的"新建文档"对话框中选择"Flash 文档"选项,单击"确定"按钮,进入新建文档舞台窗口。按 Ctrl+F3 组合键,打开文档"属性"面板,单击"大小"选项后面的按钮,在弹出的对话框中将舞台窗口的"宽度"设为 400 像素,"高度"设为 550 像素。

② 按 Ctrl+L 组合键,调出"库"面板,选择"文件>导入>导入到库"命令,在弹出的"导入到库"对话框中选择"素材>制作飘落的花瓣>底图、蝴蝶"文件,单击"打开"按钮,将文件导入到"库"面板中,如图 8.2 所示。

图 8.2

③ 将"库"面板中的位图"底图"拖曳到舞台窗口中。选择位图"属性"面板,在对话框中进行设置,如图 8.3 所示,使图片在舞台窗口的正中位置,将"图层 1"重新命名为"底图",效果如图 8.4 所示。

图 8.3 **图 8.4**

④ 单击"时间轴"面板下方的"插入图层"按钮,创建新的图层并将其命名为"蝴蝶"。将"库"面板中的位图"蝴蝶"拖曳到舞台窗口中。选择位图"属性"面板,在对话框中进行设置,如图 8.5 所示,将蝴蝶图片放置在舞台窗口的左上方,如图 8.6 所示。

图 8.5   图 8.6

⑤ 选择"文件>导入>导入到库"命令，在弹出的"导入到库"对话框中选择"素材>制作飘落的花瓣>花瓣 1"文件，单击"打开"按钮，将文件导入到"库"面板中，效果如图 8.7 所示。

2. 绘制引导线制作落花效果

① 在"库"面板下方单击"新建元件"按钮，弹出"创建新元件"对话框，在"名称"选项的文本框中输入"花瓣动 1"，勾选"影片剪辑"选项，单击"确定"按钮，新建一个影片剪辑元件"花瓣动 1"，舞台窗口也随之转换为影片剪辑元件的舞台窗口。单击"图层 1"上单击鼠标右键选择"添加传统引导层"命令，为"图层 1"添加运动引导层，如图 8.8 所示。

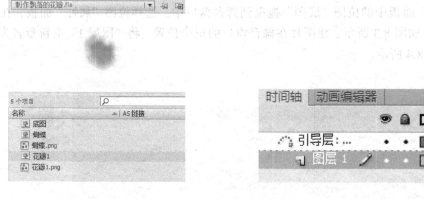

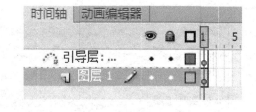

图 8.7   图 8.8

② 选择"铅笔"工具，在工具箱中将"笔触颜色"设为黑色，选中工具箱下方"选项"选项组中的平滑选项，在引导层上绘制出一条曲线，效果如图 8.9 所示。选中引导层的第 55 帧，按 F5 键插入普通帧，如图 8.10 所示。选中"图层 1"的第 1 帧，将"库"面板中的图形元件"花瓣 1"拖曳到舞台窗口中，放在曲线上方的端点上，效果如图 8.11 所示。

③ 选中"图层 1"的第 55 帧，按 F6 键插入关键帧，如图 8.12 所示。用选择工具将第 55 帧中的花瓣移动到曲线下方的端点上，效果如图 8.13 所示。

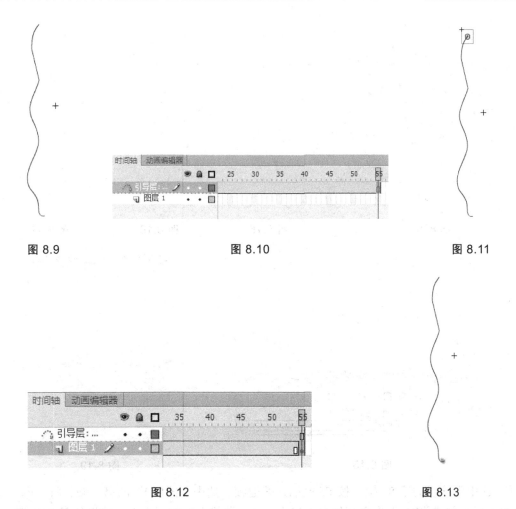

图 8.9　　　　　　　　　　图 8.10　　　　　　　　　　图 8.11

图 8.12　　　　　　　　　　　　　　　　图 8.13

④ 用鼠标右键单击"图层 1"中的第 1 帧，在弹出的菜单中选择"创建补间动画"命令，在第 1 帧和第 55 帧之间生成动作补间动画。创建新的影片剪辑元件"花瓣动 2"，如图 8.14 所示，舞台窗口也随之转换为影片剪辑元件"花瓣动 2"的舞台窗口。单击"图层 1"上单击鼠标右键选择"添加传统引导层"命令，为"图层 1"添加运动引导层。选择"铅笔"工具，在引导层上绘制出一条曲线，效果如图 8.15 所示。

⑤ 选中引导层的第 65 帧，按 F5 键插入普通帧。选中"图层 1"的第 1 帧，将"库"面板中的图形元件"花瓣 1"拖曳到舞台窗口中，放在曲线上方的端点上，效果如图 8.16 所示。选中"图层 1"的第 65 帧，按 F6 键插入关键帧。用选择工具将第 65 帧中的花瓣移动到曲线下方的端点上，效果如图 8.17 所示。

⑥ 用鼠标右键单击"图层 1"中的第 1 帧，在弹出的菜单中选择"创建传统补间动画"命令，在第 1 帧～第 65 帧生成动作补间动画，如图 8.18 所示。创建新的影片剪辑元件"花瓣动 3"，如图 8.19 所示，舞台窗口也随之转换为影片剪辑元件"花瓣动 3"的舞台窗口。单击"时间轴"面板下方的"添加运动引导层"按钮，为"图层 1"添加运动引导层。选择"铅笔"工具，在引导层上绘制出一条曲线，效果如图 8.20 所示。

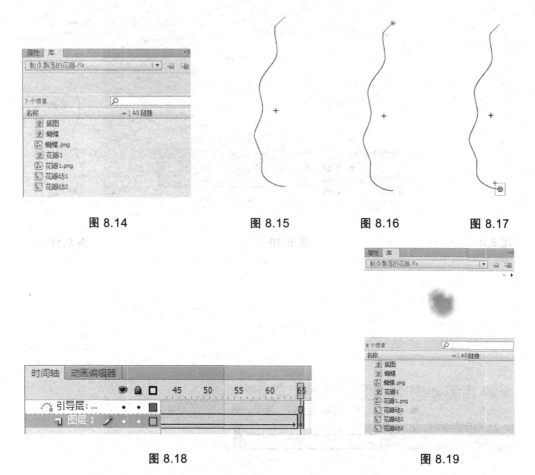

图 8.14　　　　　　　图 8.15　　　　　　图 8.16　　　　　图 8.17

图 8.18　　　　　　　　　　　　　　　　　图 8.19

⑦ 选中引导层的第 85 帧，按 F5 键插入普通帧。选中"图层 1"的第 1 帧，将"库"面板中的图形元件"花瓣 1"拖曳到舞台窗口中，放在曲线上方的端点上，效果如图 8.21 所示。选中"图层 1"的第 85 帧，按 F6 键插入关键帧。用选择工具将第 85 帧中的花瓣移动到曲线下方的端点上，效果如图 8.22 所示。用鼠标右键单击"图层 1"中的第 1 帧，在弹出的菜单中选择"创建补间动画"命令，在第 1 帧和第 85 帧之间生成动作补间动画。

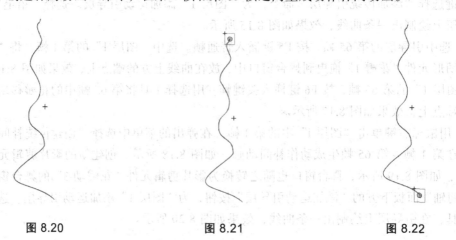

图 8.20　　　　　　　　图 8.21　　　　　　　图 8.22

⑧ 单击"时间轴"面板下方的"场景 1"图标，进入"场景 1"的舞台窗口。单击"时间轴"面板下方的"插入图层"按钮，创建新图层并将其命名为"花朵 1"。选中图层"花朵 1"，将"库"面板中的影片剪辑元件"花瓣动 1"拖曳到舞台窗口中，效果如图 8.23 所示。

⑨ 将"库"面板中的影片剪辑元件"花瓣动 2"拖曳到舞台窗口中，放置在其他花瓣的旁边，效果如图 8.24 所示。将影片剪辑元件"花瓣动 3"也拖曳到舞台窗口中，效果如图 8.25 所示。

图 8.23　　　　　　　　　图 8.24　　　　　　　　　图 8.25

⑩ 选中"底图"图层的第 85 帧，按 F5 键，在该帧上插入普通帧。选中"蝴蝶"图层的第 85 帧，按 F5 键，在该帧上插入普通帧。选中"花朵 1"图层的第 85 帧，按 F5 键，在该帧上插入普通帧，如图 8.26 所示。单击"时间轴"面板下方的"插入图层"按钮，创建新图层并将其命名为"花朵 2"。选中图层"花朵 2"图层的第 15 帧，按 F6 键，在该帧上插入关键帧，如图 8.27 所示。

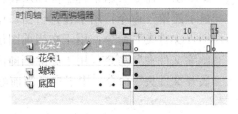

图 8.26　　　　　　　　　　　　　　　　图 8.27

⑪ 选中第 15 帧，将"库"面板中的影片剪辑元件"花瓣动 1"拖曳到舞台窗口中，放置在其他花瓣的旁边，效果如图 8.28 所示。将影片剪辑元件"花瓣动 2"拖曳到舞台窗口中，效果如图 8.29 所示。将影片剪辑元件"花瓣动 3"拖曳到舞台窗口中，效果如图 8.30 所示。飘落的花瓣效果制作完成，按 Ctrl+Enter 组合键即可查看效果。

图 8.28　　　　　　　　　　　　　　图 8.29

图 8.30

8.1.2　理论知识归纳与总结

1. 层的设置

（1）层的弹出式菜单

鼠标右键单击"时间轴"面板中的图层名称，弹出菜单，如图 8.31 所示。

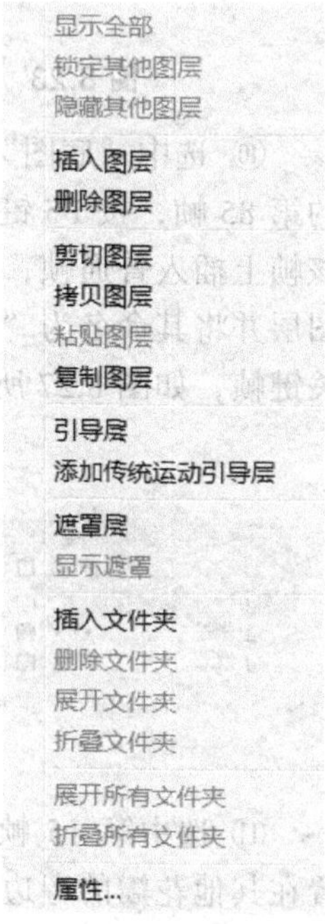

"显示全部"命令：用于显示所有的隐藏图层和图层文件夹。

"锁定其他图层"命令：用于锁定除当前图层以外的所有图层。

"隐藏其他图层"命令：用于隐藏除当前图层以外的所有图层。

"插入图层"命令：用于在当前图层上面创建一个新的图层。

"删除图层"命令：用于删除当前图层。

"引导层"命令：用于将当前图层转换为普通引导层。

"添加传统引导层"命令：用于在当前图层上方创建一个运动引导层。

"遮罩层"命令：用于将当前图层转换为遮罩层。

"显示遮罩"命令：用于在舞台窗口中显示遮罩效果。

"插入文件夹"命令：用于在当前图层上创建一个新的层文件夹。

"删除文件夹"命令：用于删除当前的层文件夹。

"展开文件夹"命令：用于展开当前的层文件夹，显示出其包含的图层。

"折叠文件夹"命令：用于折叠当前的层文件夹。

"展开所有文件夹"命令：用于展开"时间轴"面板中所有的层文件夹，显示出所包含的图层。

"折叠所有文件夹"命令：用于折叠"时间轴"面板中所有的层文件夹。

"属性"命令：用于设置图层的属性。

图 8.31

（2）创建图层

为了分门别类地组织动画内容，需要创建普通图层。选择"插入>时间轴>图层"命令来创建一个新的图层，或在"时间轴"面板下方单击"插入图层"按钮，创建一个新的图层。

【提示】系统默认状态下，新创建的图层按"图层 1"、"图层 2"……的顺序进行命名，也可以根据需要自行设定图层的名称。

（3）选取图层

选取图层就是将图层变为当前图层，用户可以在当前层上放置对象、添加文本和图形以及进行编辑。要使图层成为当前图层的方法很简单，在"时间轴"面板中选中该图层即可。当前图层会在"时间轴"面板中以深色显示，铅笔图标表示可以对该图层进行编辑，如图 8.32 所示。

按住 Ctrl 键的同时，用鼠标在要选择的图层上单击，可以一次选择多个图层，如图 8.33 所示。按住 Shift 键的同时，用鼠标单击两个图层，在这两个图层中间的其他图层也会被同时选中，如图 8.34 所示。

图 8.32　　　　　　　　　图 8.33　　　　　　　　　图 8.34

（4）排列图层

可以根据需要，在"时间轴"面板中为图层重新排列顺序。

在"时间轴"面板中选中"图层 3"，如图 8.35 所示，按住鼠标不放，将"图层 3"向下拖曳，这时会出现一条虚线，如图 8.36 所示，将虚线拖曳到"图层 1"的下方，释放鼠标，则"图层 3"移动到"图层 1"的下方，如图 8.37 所示。

图 8.35　　　　　　　　　图 8.36　　　　　　　　　图 8.37

（5）复制、粘贴图层

可以根据需要，将图层中的所有对象复制并粘贴到其他图层或场景中。

在"时间轴"面板中单击要复制的图层，选择"编辑>时间轴>复制帧"命令，进行复制。在"时间轴"面板下方单击"插入图层"按钮，创建一个新的图层，选中新的图层，选择"编辑>时间轴>粘贴帧"命令，在新建的图层中粘贴复制过来的内容。

（6）删除图层

如果某个图层不再需要，可以将其进行删除。删除图层有以下两种方法：在"时间轴"面板中选中要删除的图层，在面板下方单击"删除图层"按钮，即可删除选中图层；还可在"时间轴"面板中选中要删除的图层，按住鼠标不放，将其向下拖曳，这时会出现虚线，将虚线拖曳到"删除图层"按钮上进行删除。

（7）隐藏、锁定图层和图层的线框显示模式

① 隐藏图层：动画经常是多个图层叠加在一起的效果，为了便于观察某个图层中对象的效果，可以把其他的图层先隐藏起来。

在"时间轴"面板中单击"显示>隐藏所有图层"按钮 👁 下方的小黑圆点，这时小黑圆点所在的图层就被隐藏，在该图层上显示出一个叉号图标 ✕，如图 8.38 所示，此时图层将不能被编辑。

在"时间轴"面板中单击"显示>隐藏所有图层"按钮 👁 ，面板中的所有图层将被同时隐藏。再单击此按钮，即可解除隐藏。

② 锁定图层：如果某个图层上的内容已符合要求，则可以锁定该图层，以避免内容被意外地更改。

在"时间轴"面板中单击"锁定>解除锁定所有图层"按钮 🔒 下方的小黑圆点，这时小黑圆点所在的图层就被锁定，在该图层上显示出一个锁状图标 🔒 ，如图 8.39 所示，此时图层将不能被编辑。

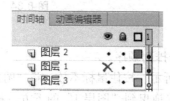

图 8.38

图 8.39

在"时间轴"面板中单击"锁定>解除锁定所有图层"按钮 🔒 ，面板中的所有图层将被同时锁定。再单击此按钮，即可解除锁定。

③ 图层的线框显示模式：为了便于观察图层中的对象，可以将对象以线框的模式进行显示。

在"时间轴"面板中单击"显示所有图层的轮廓"按钮 ☐ 下方的实色正方形，这时实色正方形所在图层中的对象就呈线框模式显示，在该图层上实色正方形变为线框图标 ☐ ，如图 8.40 所示，此时并不影响编辑图层。

图 8.40

在"时间轴"面板中单击"显示所有图层的轮廓"按钮 ☐ ，面板中的所有图层将被同时以线框模式显示。再单击此按钮，即可返回到普通模式。

（8）重命名图层

可以根据需要更改图层的名称，更改图层名称有以下两种方法。

① 双击"时间轴"面板中的图层名称，名称变为可编辑状态，如图 8.41 所示，输入要更改的图层名称，如图 8.42 所示，在图层旁边单击鼠标，完成图层名称的修改，如图 8.43 所示。

图 8.41　　　　　　　　　图 8.42　　　　　　　　　图 8.43

② 还可选中要修改名称的图层，选择"修改>时间轴>图层属性"命令，在弹出的"图层属性"对话框中修改图层的名称。

2. 图层文件夹

在"时间轴"面板中可以创建图层文件夹来组织和管理图层，这样"时间轴"面板中图层的层次结构将非常清晰。

（1）创建图层文件夹

选择"插入>时间轴>图层文件夹"命令，在"时间轴"面板中创建图层文件夹，如图 8.44 所示。还可单击"时间轴"面板下方的"插入图层文件夹"按钮 ，在"时间轴"面板中创建图层文件夹，如图 8.45 所示。

图 8.44　　　　　　　　　　　　图 8.45

（2）删除图层文件夹

在"时间轴"面板中选中要删除的图层文件夹，单击面板下方的"删除图层"按钮 ，即可删除图层文件夹。还可在"时间轴"面板中选中要删除的图层文件夹，按住鼠标不放，将其向下拖曳，这时会出现虚线，将虚线拖曳到"删除图层"按钮上进行删除。

3. 普通引导层

普通引导层主要用于为其他图层提供辅助绘图和绘图定位，引导层中的图形在播放影片时是不会显示的。

（1）创建普通引导层

鼠标右键单击"时间轴"面板中的某个图层，在弹出的菜单中选择"引导层"命令，如图 8.46 所示，该图层转换为普通引导层，此时，图层前面的图标变为 ，如图 8.47 所示。

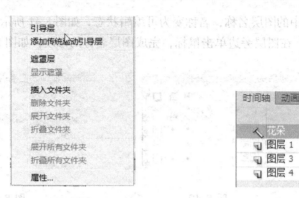

图 8.46   图 8.47

还可在"时间轴"面板中选中要转换的图层，选择"修改>时间轴>图层属性"命令，弹出"图层属性"对话框，在"类型"选项组中选择"引导层"单选项，如图 8.48 所示，单击"确定"按钮，选中的图层转换为普通引导层，此时，图层前面的图标变为，如图 8.49 所示。

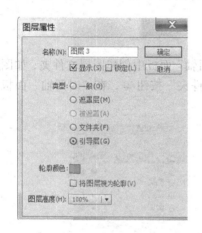

图 8.48   图 8.49

（2）将普通引导层转换为普通图层

如果要播放影片时显示引导层上的对象，还可将引导层转换为普通图层。

鼠标右键单击"时间轴"面板中的引导层，在弹出的菜单中选择"引导层"命令，引导层即可以转换为普通图层，此时，图层前面的图标变为。

还可在"时间轴"面板中选中引导层，选择"修改>时间轴>图层属性"命令，弹出"图层属性"对话框，在"类型"选项组中选择"一般"单选项，单击"确定"按钮，选中的引导层转换为普通图层，此时，图层前面的图标变为。

3. 引导层动画原理

引导层上的路径必须是利用"钢笔"工具、"铅笔"工具、"线条"工具、"椭圆"工具、"矩形"工具或"刷子"工具所绘制的曲线。

引导层动画与逐帧和传统补间不同，它是通过在引导层上加线条来作为被引导层上元件的运动轨迹，从而实现对被引导层上元素的路径约束。

图 8.50 所示为小球的全部运动轨迹，通过观察可以很清晰地发现引导层的引导功能。

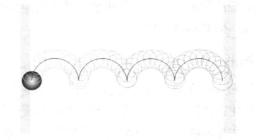

图 8.50

【提示】引导层上的路径在发布后，并不会显示出来，只是作为被引导元素的运动轨迹。在被引导层上被引导的图形必须是元件，而且必须创建传统补间，同时还需要将元件在关键帧处的"变形中心"设置到引导层上的路径上，才能成功创建引导层动画。

8.1.3 举一反三

任务：制作翩翩起舞的蝴蝶动画

操作提示：本案例主要是通过在两个图层上创建蝴蝶由下向上移动的传统补间动画，再在这两个图层上添加传统运动引导层，并在引导层上绘制引导线，使蝴蝶按照引导线的路径进行运动来实现（见图 8.51、图 8.52）。

图 8.51   图 8.52

8.2 遮罩层与遮罩动画制作

遮罩层就像一块不透明的板，如果要看到它下面的图像，只能在板上挖"洞"，而遮罩层中有对象的地方就可看成是"洞"，通过这个"洞"，被遮罩层中的对象显示出来。

8.2.1 课堂案例——文字遮罩效果

【案例学习目标】

使用绘图工具、浮动面板制作图形，使用创建补间动画命令制作动画效果，使用遮罩层命令制作遮罩动画。

【知识要点】

使用矩形工具和颜色面板绘制渐变矩形，使用创建补间动画命令制作动画效果，使用遮罩层命令制作遮罩动画效果，效果如图8.53所示。

1. 导入图片并制作图形元件

① 选择"文件>新建"命令，在弹出的"新建文档"对话框中选择"Flash 文档"选项，单击"确定"按钮，进入新建文档舞台窗口。将背景颜色设为淡黄色（#FFFFE6）。选择"文件>导入>导入到库"命令，在弹出的"导入到库"对话框中选择"素材>文字遮罩效果>底图、人物"文件，单击"打开"按钮，文件被导入到"库"面板中，如图8.54所示。

图 8.53

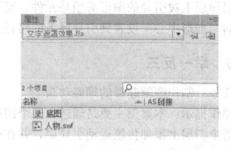

图 8.54

② 在"库"面板下方单击"新建元件"按钮，弹出"创建新元件"对话框，在"名称"选项的文本框中输入"文字"，勾选"图形"选项，单击"确定"按钮，新建图形元件"文字"，如图8.55所示，舞台窗口也随之转换为图形元件的舞台窗口，选择"文本"工具 T，在文字"属性"面板中进行设置，在舞台窗口中输入大小为 16，字体为隶书的黑色文字，舞台窗口中的效果如图8.56所示。

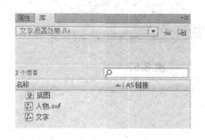

图 8.55

图 8.56

③ 单击"时间轴"面板下方的"场景1"图标，进入"场景1"的舞台窗口。将"图层1"重新命名为"底图"。将"库"面板中的位图图像"底图"拖曳到舞台窗口中，效果如图8.57所示。选中"底图"图层的第400帧，按F5键，在该帧上插入普通帧。

④ 单击"时间轴"面板下方的"插入图层"按钮，创建新的图层并将其命名为"人物"。将"库"面板中的图形元件"人物"拖曳到舞台窗口的左侧，效果如图8.58所示。

图 8.57

图 8.58

2. 制作遮罩文字效果

① 单击"时间轴"面板下方的"插入图层"按钮，创建新的图层并将其命名为"遮罩"。选择"窗口>颜色"命令，弹出"颜色"面板，在"类型"选项的下拉列表中选择"线性"，单击色带，添加两个色块，选中色带上左右两侧的色块，将其设为白色，在"Alpha"选项中将其不透明度设为 0%，选中色带上中间的两个色块，将其设为黑色，如图 8.59 所示。

② 选择"矩形"工具，在工具箱中将"笔触颜色"设为无，在舞台窗口中绘制一个长方形作为遮罩图形。选中长方形，在形状"属性"面板中将"宽"和"高"选项分别设为 175 像素和 157 像素，舞台窗口中的效果如图 8.60 所示。

图 8.59

图 8.60

③ 单击"时间轴"面板下方的"插入图层"按钮，创建新的图层并将其命名为"文字"。将"库"面板中的图形元件"文字"拖曳到舞台窗口的左下方，效果如图 8.61 所示。选中"文字"图层的第 400 帧，按 F6 键，在该帧上插入关键帧，如图 8.62 所示。

图 8.61

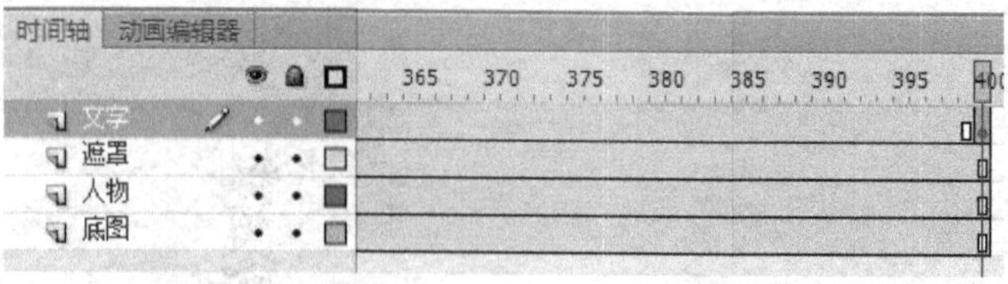

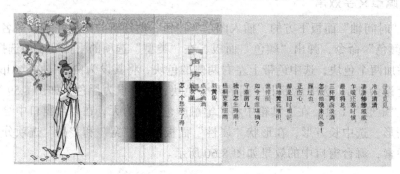

图 8.62

④ 选中"文字"图层的第 400 帧，按住 Shift 键的同时，用鼠标将"文字"实例水平移动到"遮罩"图形的右边，效果如图 8.63 所示。鼠标右键单击"文字"图层的第 1 帧，在弹出的菜单中选择"创建补间动画"命令，生成动作补间动画，如图 8.64 所示。

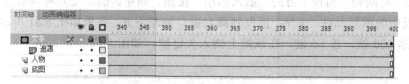

图 8.63

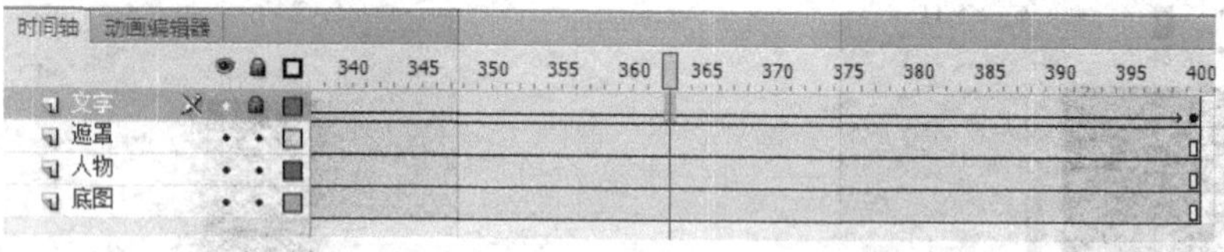

图 8.64

⑤ 鼠标右键单击"文字"图层的名称，在弹出的菜单中选择"遮罩层"命令，将"文字"图层转换为遮罩层，如图 8.65 所示。文字遮罩效果制作完成，按 Ctrl+Enter 组合键即可查看效果。

图 8.65

8.2.2 理论知识归纳与总结

1. 遮罩层

（1）创建遮罩层

一个遮罩效果的实现至少需要两个图层，上面的图层是遮罩层，下面的图层是被遮罩层，如图 8.66 所示，其中"图层 1"是遮罩层，"图层 2"是被遮罩层。

要创建遮罩层，可以在选定的图层上单击鼠标右键，在弹出的快捷菜单中选择"遮罩层"命令，如图 8.67 所示即可创建成功。

图 8.66

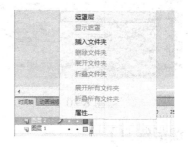

图 8.67

（2）遮罩原理

与普通层不同，在具有遮罩层的图层中，只能透过遮罩层上的形状，才可以看到被遮罩层上的内容。

如在"图层 2"上放置一幅背景图，在"图层 1"上绘制一个花朵。在没有创建遮罩层之前，花朵遮挡了与背景图重叠的区域，如图 8.68 所示。

将"图层 1"转换为遮罩层之后，可以透过遮罩层（"图层 1"）上花瓣看到被遮罩层（"图层 2"）中与背景图片重叠的区域，如图 8.69 所示。遮罩这一特殊的技术实现形式，使得遮罩在制作需要显示特定图形区域的动画中有着极其重要的作用。

图 8.68

图 8.69

8.2.3 举一反三

任务：制作"仙境小溪"

操作提示：本例通过有一定间隙的阵列矩形遮罩来显示小溪的部分图形，通过动静结合的方式模拟流水效果，再通过导入配合场景的素材，制作一个梦幻的仙境小溪效果。制作思路及效果如图 8.70 和图 8.71 所示。

图 8.70   图 8.71

【课后练习】

1. 制作百叶窗效果。

【习题知识要点】本案例主要是通过在 5 个图层上制作矩形块由小变大的补间动画，并将这些图层设置为遮罩层，从而逐渐显示其下方的图片来实现，效果如图 8.72 ~ 图 8.74 所示。

图 8.72   图 8.73   图 8.74

2. 制作"蜓桥相会"效果。

【习题知识要点】在中国流传着一个神话——隔着长长的银河住着美丽的织女忠厚的牛郎。他们彼此深爱对方，但每年只能通过喜鹊搭桥才能见为了让他们能多见上一面，可爱的蜻蜓也搭起了一座"蜓桥"。本案例就是使用 Flash 的引导层动画制作手段设计出三条路径，使多个被引导对象"蜻蜓"沿着这三条路径进行运动，从而实现动画效果，效果如图 8.75 ~ 图 8.78 所示。

图 8.75   图 8.76

图 8.77

图 8.78

3. 制作节约用水动画。

【习题知识要点】本例通过制作节约用水的公益广告动画，进一步练习遮罩动画与路径引导动画的创建方法。首先利用遮罩动画创建波纹和地球浮出水面的效果；然后新建并重命名场景，再在新建的场景中利用引导路径动画制作文字逐渐出现的效果，效果如图8.79 ~ 图 8.82 所示。

图 8.79

图 8.80

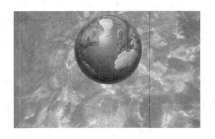
图 8.81

图 8.82

第九章　综合实例

用Flash软件制作的贺卡在网络上应用广泛，设计精美的Flash贺卡可以传递温馨的祝福，带给大家无限的欢乐。本章以制作圣诞节贺卡为例，为读者讲解贺卡的设计方法和制作技巧，希望大家通过实例的制作，能够综合运用所学的知识，独立地制作出自己喜爱的贺卡。

【课堂学习目标】

1. 掌握贺卡的设计思路。
2. 掌握贺卡的制作方法和技巧。

传递一张贺卡的网页链接，收卡人在收到这个链接地址后，点击就可以打开贺卡，感受到你带来的祝福。电子贺卡的种类很多，有静态图片的，也有动画的，甚至还有带美妙音乐的。下面就介绍如何制作电子贺卡。

9.1　贺卡的设计与制作

9.1.1　案例分析

圣诞节如今已经成为一个全世界人民都喜欢的节日，在这个节日里，大家交换礼物，邮寄圣诞贺卡。本例将设计制作圣诞节电子贺卡，贺卡要表现出圣诞节的重要元素，表达出欢快温馨的节日气氛。

红色与白色相映成趣的圣诞老人是圣诞节活动中最受欢迎的人物。在设计过程中，通过软件对圣诞老人进行有趣的动画设计，目的是活跃贺卡的气氛。再通过舞台、礼物和祝福语等元素充分体现出圣诞节的欢庆和喜悦。

本例将使用任意变形工具旋转图形的角度；使用椭圆工具和颜色面板制作透明圆效果；使用逐帧动画制作圣诞老人动画效果；使用属性面板调整图形的颜色以及声音的添加。

9.1.2　案例设计

本案例的设计流程如图9.1所示。

制作圣诞老人

制作舞台光

添加祝福语 最终效果

图 9.1

9.1.3 案例制作

1. 制作铃铛晃动效果

① 选择"文件>新建"命令，在弹出的"新建文档"对话框中选择"ActionScript 3.0"选项，单击"确定"按钮，进入新建文档舞台窗口。按"Ctrl+F3"组合键，弹出文档"属性"面板，单击面板中的"编辑"按钮，弹出"文档设置"对话框，将"宽度"设置为 500 像素，"高度"设置为 381 像素，将"背景颜色"选项设为粉色（#FFCEFF），单击"确定"按钮，改变舞台窗口的大小。

② 选择"文件>导入>导入到库"命令，在弹出的"导入到库"对话框中选择"素材>圣诞节卡片>01、02、03、04、05、06、07、08、09、10"文件，单击"打开"按钮，文件被导入到库面板中。

③ 选择"窗口>库"命令，弹出"库"面板，单击面板下方的"新建元件"按钮，弹出"创建新元件"对话框，在"名称"选项的文本框中输入"铃铛动"，在"类型"选项下拉列表中选择"影片剪辑"选项，单击"确定"按钮，新建影片剪辑元件"铃铛动"，舞台窗口也随之转换为影片剪辑的舞台窗口。

④ 将"库"面板中的图形元件"元件 3"拖曳到舞台窗口中，效果如图 9.2 所示。选择"任意变形"工具，在图形的周围出现控制点，将中心点移动到适当的位置，如图 9.3 所示。选择"选择"工具，分别选中"图层 1"的第 15 帧、第 30 帧、第 45 帧、第 60 帧，插入关键帧，如图 9.4 所示。

图 9.2 图 9.3

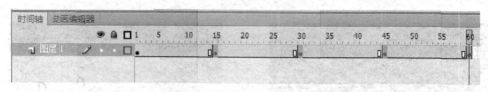

图 9.4

⑤ 选中"图层 1"的第 1 帧，调出"变形"面板，将"旋转"选项设为 – 35°，如图 9.5 所示，按 Enter 键，图形逆时针旋转 35°，效果如图 9.6 所示。选中第 30 帧，在"变形"面板中将"旋转"选项设为 35，按 Enter 键，图形顺时针旋转 35°，如图 9.7 所示。

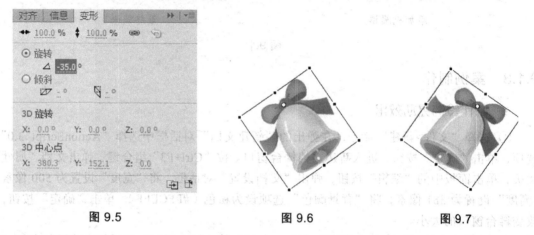

图 9.5   图 9.6   图 9.7

⑥ 选中第 60 帧，在"变形"面板中将"旋转"选项设为 – 35°，按 Enter 键，图形逆时针选转 35°。分别用鼠标右键单击"图层 1"的第 1 帧、第 15 帧、第 30 帧、第 45 帧，在弹出的菜单中选择"创建传统补间"命令，生成传统补间动画，如图 9.8 所示。

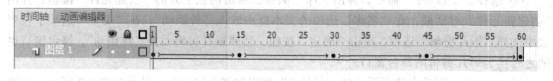

图 9.8

己. 制作圆动画效果

① 单击"库"面板下方的"新建元件"按钮，弹出"创建新元件"对话框，在"名称"选项的文本框中输入"圆"，在"类型"选项下拉列表中选择"图形"选项，单击"确定"按钮，新建图形元件"圆"，如图 9.9 所示。舞台窗口也随之转换为图形元件的舞台窗口。

② 调出"颜色"面板，将"笔触颜色"设为无，单击"填充颜色"按钮，在"类型"选项的下拉列表中选择"径向渐变"，将左侧的控制点设为白色，在"Alpha"选项中将不透明度选项设为 0%；将右侧的控制点设为白色，在"Alpha"选项中将不透明度选项设为 70%，如图 9.10 所示。

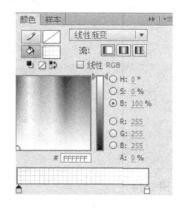

图 9.9   图 9.10

③ 选择"椭圆"工具，选中工具箱下方的"对象绘制"按钮，按住 Shift 键的同时绘制圆形。选中圆形，在"属性"面板中，将"宽度"和"高度"选项均设为 74，图形效果如图 9.11 所示。

④ 在工具相中将"填充颜色"设为白色，按住 Shift 键的同时绘制圆形。选中圆形，在"属性"面板中，将，将"宽度"和"高度"选项均设为 50，图形效果如图 9.12 所示。在"颜色"面板中的"类型"选项下拉列表中选择"线性渐变"，将控制点全部设为白色，将左侧控制点的"Alpha"选项设为 0%，右侧控制点的"Alpha"选项设为 70%，如图 9.13 所示。

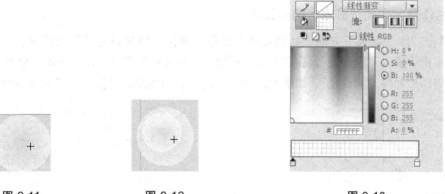

图 9.11   图 9.12   图 9.13

⑤ 选择"颜料桶"工具，在白色圆形的右上方向左下方拖曳渐变色，松开鼠标，效果如图 9.14 所示。选择"选择"工具，选中圆形，在"变形"面板中单击"重制选区和变形"按钮，复制图形，将"缩放宽度"和"缩放高度"选项均设为 70，"旋转"选项设为 180，如图 9.15 所示。拖曳复制出的图形到适当的位置，效果如图 9.16 所示。

⑥ 单击"库"面板下方的"新建元件"按钮，弹出"创建新元件"对话框，在"名称"选项的文本框中输入"圆动"，在"类型"选项下拉列表中选择"影片剪辑"选项，单击"确定"按钮，新建影片剪辑元件"圆动"，舞台窗口也随之转换为影片剪辑的舞台窗口。将"库"面板中的图形"圆"拖曳到舞台窗口中，分别选中"图层 1"的第 40 帧、第 80 帧，插入关键帧，如图 9.17 所示。

图 9.14　　　　　　　　图 9.15　　　　　　　　图 9.16

图 9.17

⑦ 选中第 40 帧，在舞台窗口中选中"圆"实例，在"变形"面板中，将"缩放宽度"和"缩放高度"选项均设为 150，如图 9.18 所示，按 Enter 键，实例变大，效果如图 9.19 所示。分别用鼠标右键单击"图层 1"的第 1 帧、第 40 帧，在弹出的菜单中选择"创建传统补间"命令，生成传统补间动画。

3. 制作舞台光和圣诞老人动画效果

① 单击"库"面板下方的"新建元件"按钮，弹出"创建新元件"对话框，在"名称"选项的文本框中输入"舞台光"，在"类型"选项下拉列表中选择"图形"选项，单击"确定"按钮，新建图形元件"舞台光"，如图 9.20 所示，舞台窗口也随之转换为图形元件的舞台窗口。

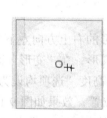

图 9.18　　　　　　　　图 9.19　　　　　　　　图 9.20

② 选择"文件>导入>导入到舞台"命令，在弹出的"导入"对话框中选择"素材>圣诞节贺卡>11"文件，单击"打开"按钮，文件被导入到舞台窗口中，效果如图 9.21 所示。单击"新建元件"按钮，新建影片剪辑元件"舞台光动"，如图 9.22 所示。将"库"面板中的

图形元件"舞台光"拖曳到舞台窗口中，选择"任意变形"工具，在实例的周围出现控制点，将中心点移动到下方中间控制点上，如图 9.23 所示。

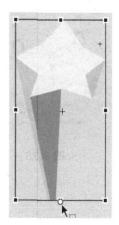

图 9.21　　　　　　　　　　　图 9.22　　　　　　　　　　　图 9.23

③ 选择"选择"工具，分别选中"图层 1"的第 10 帧、第 20 帧，插入关键帧，如图 9.24 所示。选中第 10 帧，在舞台窗口中选择实例，在"变形"面板中，将"缩放宽度"和"缩放高度"选项均设为 110，如图 9.25 所示。分别用鼠标右键单击"图层 1"的第 1 帧、第 10 帧，在弹出的菜单中选择"创建传统补间"命令，生成传统补间动画。

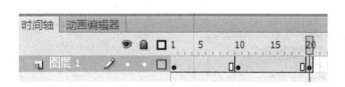

图 9.24　　　　　　　　　　　　　　　图 9.25

④ 单击"新建元件"按钮，新建影片剪辑元件"圣诞老人"。将"库"面板中的图形元件"元件 7"和"元件 8"拖曳到舞台窗口中，效果如图 9.26 所示。选中"图层 1"的第 6 帧，插入关键帧，选中第 10 帧，插入普通帧，如图 9.27 所示。

⑤ 选中第 6 帧，在舞台窗口中选中"元件 7"实例，按 3 次键盘上的向下键，移动图形的位置，效果如图 9.28 所示。单击"时间轴"面板下方的"新建图层"按钮，新建"图层 2"，再次拖曳"库"面板中的图形"元件 7"和"元件 8"到舞台窗口中，并放置到适当的位置。在图形"属性"面板中的"样式"选项下拉列表中选择"色调"，将颜色设为白色，如图 9.29 所示，舞台效果如图 9.30 所示。

图 9.26

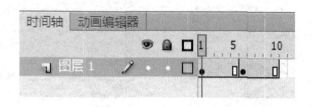

图 9.27

图 9.28

图 9.29

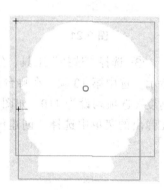

图 9.30

⑥ 将"图层 2"拖曳到"图层 1"的下方。选择"任意变形"工具，等比例放大实例，效果如图 9.31 所示。

图 9.31

⑦ 单击"新建元件"按钮，新建图形元件"字 1"。选择"文本"工具，在文本工具"属性"面板中进行设置，在舞台窗口中适当的位置输入大小为 30，字体为"方正琥珀简体"（大家可以根据实际情况选择自己喜欢的字体）的橘红色（#FF6600）文字，文字效果如图 9.32 所示。选择"选择"工具，选中文字，按住 Alt 键的同时，向右上方拖曳文字，将复制出的

文字"填充颜色"设为黄色（#FFFF00），效果如图 9.33 所示。

图 9.32   图 9.33

⑧ 用相同的方法，制作图形元件"字 2"、"字 3"。单击"新建元件"按钮，新建图形元件 "字 4"。选择"文本"工具，在文本工具"属性"面板中进行设置，在舞台窗口中适当的位置输入大小为 28，字体为"Daniel Black"的橘红色（#FF6600）文字，选择"选择"工具，选中英文，按住 All 键的同时，向右上方拖曳英文，将复制出的文字"填充颜色"设为黄色（#FFFF00），效果如图 9.34 所示。

⑨ 选择"刷子"工具，在工具箱中将"填充颜色"设为白色，在工具箱下方的"刷子大小"选项中将笔刷设为第 2 个，将"刷子形状"选项设为第 1 个，在舞台窗口的文字上绘制积雪效果，如图 9.35 所示。

图 9.34   图 9.35

4. 制作动画效果

① 单击舞台窗口左上方的"场景 1"图标，进入"场景 1"的舞台窗口。将"图层 1"重命名为"舞台光"，选中"舞台光"图层的第 168 帧，插入普通帧；选中第 132 帧，插入关键帧，如图 9.36 所示。将"库"面板中的影片剪辑元件"舞台光动"向舞台窗口拖曳 3 次，并应用"任意变形"工具调整大小和适当的角度，效果如图 9.37 所示。

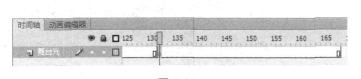

图 9.36   图 9.37

② 选择左侧的"舞台光动"实例，在影片剪辑"属性"面板中的"样式"选项下拉列表中选择"色调"，各选项的设置如图 9.38 所示。选择右侧的"舞台光动"实例，在影片剪辑"属性"面板中的"样式"选项下拉列表中选择"色调"，各选项的设置如图 9.39 所示，舞台

效果如图 9.40 所示。

图 9.38

图 9.39

图 9.40

③ 在"时间轴"面板中创建新图层并将其命名为"舞台",选中"舞台"图层的第 91 帧,插入关键帧,将"库"面板中的图形元件"元件 5"拖曳到舞台窗口的下方,选择"任意变形"工具,调整图形大小,效果如图 9.41 所示。选中"舞台"图层的第 132 帧,插入关键帧,将图形"元件 5"垂直向上拖曳,效果如图 9.42 所示。用鼠标右键单击"舞台"图层的第 91 帧,在弹出的菜单中选择"创建传统补间"命令,生成传统补间动画。

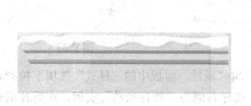

图 9.41

图 9.42

④ 在"时间轴"面板中创建新图层并将其命名为"圆盘"。选中"圆盘"图层的第 45 帧，插入关键帧，将"库"面板中的图形元件"元件 6"拖曳到舞台窗口中，选择"任意变形"工具，调整图形大小，效果如图 9.43 所示。

⑤ 选中"圆盘"图层的第 91 帧，插入关键帧，将舞台窗口中的"元件 6"实例垂直向下拖曳，效果如图 9.44 所示。用鼠标右键单击"圆盘"图层的第 45 帧，在弹出的菜单中选择"创建传统补间"命令，生成传统补间动画。

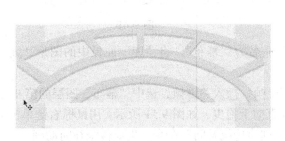

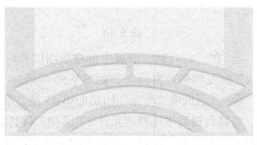

图 9.43   图 9.44

⑥ 在"时间轴"面板中创建新图层并将其命名为"礼物"。选中"礼物"图层的第 132 帧，插入关键帧，将"库"面板中的图形元件"元件 9"拖曳到舞台窗口中，选择"任意变形"工具，调整图形大小，效果如图 9.45 所示。分别选中"礼物"图层的第 157 帧、第 168 帧，插入关键帧。

⑦ 选中"礼物"图层的第 157 帧，将舞台窗口中的"元件 9"实例选中，在舞台窗口中移动图形的位置并调整大小，效果如图 9.46 所示。选中"礼物"图层的第 168 帧，在舞台窗口中选中"元件 9"实例，在舞台窗口中移动图形的位置并调整大小，效果如图 9.47 所示。分别用鼠标右键单击"礼物"图层的第 132 帧、第 157 帧，在弹出的菜单中选择"创建传统补间"命令，生成传统补间动画。

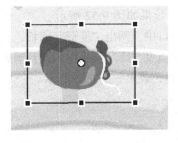

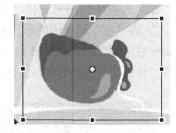

图 9.45   图 9.46   图 9.47

⑧ 在"时间轴"面板中创建新图层并将其命名为"圣诞礼品"，将"库"面板中的"元件 4"拖曳到舞台窗口的下方，如图 9.48 所示。分别选中"圣诞礼品"图层的第 91 帧、第 132 帧，插入关键帧。选中第 132 帧，选择"任意变形"工具，在舞台窗口中选中"元件 4"实例，将其等比例缩小并向下拖曳，效果如图 9.49 所示。用鼠标右键单击"圣诞礼品"图层的第 91 帧，在弹出的菜单中选择"创建传统补间"命令，生成传统补间动画。

图 9.48 　　　　　　　　　　　　　　　　　 图 9.49

⑨ 在"时间轴"面板中创建新图层并将其命名为"幕布"，将"库"面板中的图形"元件 2"拖曳到舞台窗口中，如图 9.50 所示。

⑩ 分别选中"幕布"图层的第 45 帧、第 91 帧，插入关键帧，选中"幕布"图层的第 91 帧，在舞台窗口中选择"元件 2"实例，将其垂直向上拖曳，如图 9.51 所示。用鼠标右键单击"幕布"图层的第 45 帧，在弹出的菜单中选择"创建传统补间"命令，生成传统补间动画。

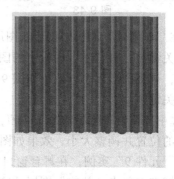

图 9.50 　　　　　　　　　　　　　　　　　 图 9.51

⑪ 在"时间轴"面板中创建新图层并将其命名为"上帘"，将播放头拖曳到第 1 帧处，将"库"面板中的图形元件"元件 1"拖曳到舞台窗口的上方，效果如图 9.52 所示。

⑫ 将"库"面板中的影片剪辑元件"铃铛动"拖曳到舞台窗口中，调出"变形"面板，在面板中进行设置，如图 9.53 所示，舞台效果如图 9.54 所示。再次拖曳"库"面板中的影片剪辑元件"铃铛动"到舞台窗口多次，并调整大小，放置在合适的位置，效果如图 9.55 所示。

图 9.52 　　　　　　　　　　　　　　　　　 图 9.53

图 9.54　　　　　　　　　　　　　　　　图 9.55

⑬ 在"时间轴"面板中创建新图层并将其命名为"圣诞老人"。选中"圣诞老人"图层的第 132 帧，插入关键帧，将"库"面板中的影片剪辑元件"圣诞老人"拖曳到舞台窗口中，如图 9.56 所示。

⑭ 在"时间轴"面板中创建新图层并将其命名为"透明圆"，将"库"面板中的影片剪辑元件"圆动"向舞台窗口拖曳多次，并分别调整大小，效果如图 9.57 所示。

图 9.56　　　　　　　　　　　　　　　　图 9.57

⑮ 在"时间轴"面板中创建新图层并将其命名为"字 1"。将"库"面板中的图形元件"字 1"拖曳到舞台窗口的下方，如图 9.58 所示。分别选中"字 1"图层的第 17 帧、第 32 帧、第 45 帧，插入关键帧，如图 9.59 所示。

图 9.58　　　　　　　　　　　　　　　　图 9.59

⑯ 选中第 1 帧，在舞台窗口中选中"字 1"实例，在图形"属性"面板中的"样式"选项下拉列表中选择"Alpha"，将其数值设为 0，如图 9.60 所示。文字效果如图 9.61 所示。

图 9.60

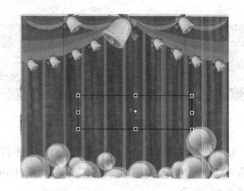

图 9.61

⑰ 选中"字 1"图层的第 45 帧，在舞台窗口中选择"字 1"实例，将其向舞台左外侧水平拖曳，效果如图 9.62 所示，在图形"属性"面板中的"样式"选项下拉列表中选择"Alpha"，将其数值设为 0.分别用鼠标右键单击"字 1"图层的第 1 帧、第 32 帧，在弹出的菜单中选择"创建传统补间"命令，生成传统补间动画，如图 9.63 所示。

图 9.62

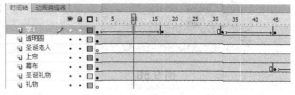

图 9.63

⑱ 在"时间轴"面板中创建新图层并将其命名为"字 2"，选择"字 2"图层的第 45 帧，插入关键帧，将"库"面板中的"字 2"拖曳到舞台窗口中，如图 9.64 所示。分别选中"字 2"图层的第 63 帧、第 87 帧、第 99 帧，插入关键帧。选择"字 2"图层的第 45 帧，在舞台窗口中选中"字 2"实例，将其垂直向下拖曳，如图 9.65 所示。

图 9.64

图 9.65

⑲ 选中"字 2"图层的第 99 帧，在舞台窗口中选中"字 2"实例，在图形"属性"面板中的"样式"选项下拉列表中选择"Alpha"，将其数值设为 0，如图 9.66 所示。

⑳ 分别用鼠标右键单击"字 2"图层的第 45 帧、第 87 帧，在弹出的菜单中选择"创建传统补间"命令，生成传统补间动画，如图 9.67 所示。

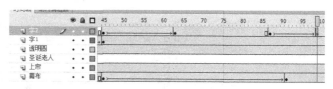

图 9.66　　　　　　　　　　　　　　　　　　　图 9.67

㉑ 在"时间轴"面板中创建新图层并将其命名为"字 3"，选中"字 3"图层的第 99 帧，插入关键帧，将"库"面板中的图形元件"字 3"拖曳到舞台窗口中，如图 9.68 所示。选中"字 3"图层的第 117 帧，插入关键帧。

㉒ 选中"字 3"图层的第 99 帧，在舞台窗口将"字 3"实例，垂直向下拖曳，效果如图 9.69 所示，在图形"属性"面板中的"样式"选项下拉列表中选择"A1pha"，将其数值设为 0。

图 9.68　　　　　　　　　　　　　　　　　　　图 9.69

㉓ 用鼠标右键单击"字 3"图层的第 99 帧，在弹出的菜单中选择"创建传统补间"命令，生成传统补间动画。

㉔ 分别选中"字 3"图层的第 137 帧、第 149 帧，插入关键帧。选中"字 3"图层的第 149 帧，在舞台窗口中选中"字 3"实例，将其垂直向下拖曳，如图 9.70 所示，在图形"属性"面板中的"样式"选项下拉列表中选择"Alpha"，将其数值设为 0。用鼠标右键单击"字 3"图层的第 137 帧，在弹出的菜单中选择"创建传统补间"命令，生成传统补间动画，如图 9.71 所示。

图 9.70

图 9.71

㉕ 在"时间轴"面板中创建新图层并将其命名为"字 4"，选中"字 4"图层的第 149 帧，插入关键帧，将"库"面板中的图形元件"字 4"拖曳到舞台窗口中，并调整大小，效果如图 9.72 所示。选中"字 4"图层的第 168 帧，插入关键帧，选中"字 4"图层的第 149 帧，在舞台窗口中选中"字 4"实例，将其等比放大。用鼠标右键单击"字 4"图层的第 149 帧，在弹出的菜单中选择"创建传统补间"命令，生成传统补间动画，如图 9.73 所示。

图 9.72

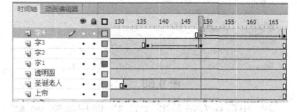

图 9.73

㉖ 在"时间轴"面板中创建新图层并将其命名为"音乐"，将"库"面板中的声音文件"10"拖曳到舞台窗口中，"时间轴"面板如图 9.74 所示。选中"音乐"图层的第 1 帧，在帧"属性"面板中，选择"声音"选项组，在"同步"选项中选择"事件"，将"声音循环"选项设为"循环"。创建新图层并将其命名为"动作脚本"，选中"动作脚本"图层的第 168 帧，插入关键帧，如图 9.75 所示。

图 9.74　　　　　　　　　　　　　　图 9.75

㉗ 在"动作"面板（其快捷键为 F9）的左上方下拉列表中选择"ActionScript 1.0&2.0"，单击"将新项目添加到脚本中"按钮，在弹出的菜单中选择"全局函数>时间轴控制>stop"命令，如图 9.76 所示，在"脚本窗口"中显示出选择的脚本语言，如图 9.77 所示。设置好动作脚本后，关闭"动作"面板。在"动作脚本"图层的第 168 帧显示出一个标记"a"。圣诞节贺卡制作完成，按"Ctrl+Enter"组合键即可查看效果。

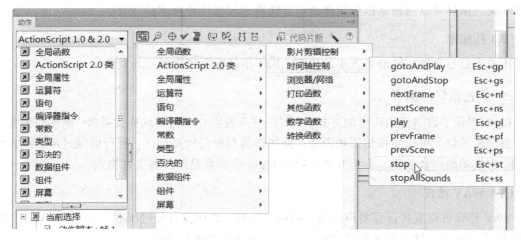

图 9.76

图 9.77

9.2　理论知识归纳与总结

1.　音频的基本知识

（1）取样率

取样率是指在进行数字录音时，单位时间内对模拟的音频信号进行提取样本的次数。取样率越高，声音质量越好。Flash 中经常使用 44 kHz、22 kHz 或 11 kHz 的取样率对声音进行取样。例如，使用 22 kHz 取样率取样的声音，每秒钟要对声音进行 22 000 次分析，并记录每两次分析之间的差值。

（2）位分辨率

位分辨率是指描述每个音频取样点的比特位数。例如，8 位的声音取样表示 2 的 8 次方或 256 级。用户可以将较高位分辨率的声音转换为较低位分辨率的声音。

（3）压缩率

压缩率是指文件压缩前后大小的比率，用于描述数字声音的压缩效率。

2.　声音素材的格式

Flash 提供了许多使用声音的方式。它可以使声音独立于时间轴连续播放，或使动画和一个音轨同步播放。可以向按钮添加声音，使按钮具有更强的互动性，还可以通过声音淡入淡出产生更优美的声音效果。下面介绍可导入 Flash 中的常见的声音文件格式。

（1）WAV 格式

WAV 格式可以直接保存对声音波形的取样数据，数据没有经过压缩，所以音质较好，但 WAV 格式的声音文件通常文件量比较大，会占用较多的磁盘空间。

（2）MP3 格式

MP3 格式是一种压缩的声音文件格式。同 WAV 格式相比，MP3 格式的文件量只有 WAV 格式的十分之一。其优点为体积小、传输方便、声音质量较好，已经被广泛应用到电脑音乐中。

（3）AIFF 格式

AIFF 格式支持 MAC 平台，支持 16 位 44kHz 立体声。只有系统上安装了 QuickTime 4 或更高版本，才可使用此声音文件格式。

（4）AU 格式

AU 格式是一种压缩声音文件格式，只支持 8 位的声音，是 Internet 上常用的声音文件格式。只有系统上安装了 QuickTime 4 或更高版本，才可使用此声音文件格式。

声音文件要占用大量的磁盘空间和内存，所以，一般为提高 Flash 作品在网上的下载速度，常使用 MP3 声音文件格式，因为它的声音资料经过了压缩，比 WAV 或 AIFF 声音的体积小。在 Flash 中只能导入采样比率为 11kHz、22kHz 或 44kHz，位分辨率为 8 位或 16 位的声音。通常，为了 Flash 作品在网上有较满意的下载速度而使用 WAV 或 AIFF 文件时，最好使用 16 位 22kHz 单声道格式。

3. 导入声音素材并添加声音

Flash 在库中保存声音以及位图和组件。与图形组件一样，只需要一个声音文件的副本就可在文档中以各种方式使用这个声音文件。

① 为动画添加声音，选择"文件>打开"命令，弹出"打开"对话框，选择动画文件，单击"打开"按钮，将文件打开，如图 9.78 所示。选择"文件>导入>导入到舞台"命令，在"导入"对话框中选中声音文件，单击"打开"按钮，将声音文件导入到"库"面板中，如图 9.79 所示。

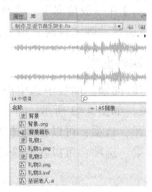

图 9.78   图 9.79

② 单击"时间轴"面板下方的"插入图层"按钮，创建新的图层"图层 3"作为放置声音文件的图层，如图 9.80 所示。

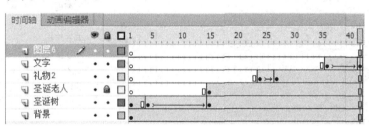

图 9.80

③ 在"库"面板中选中声音文件，按住鼠标不放，将其拖曳到舞台窗口中，如图 9.81 所示。释放鼠标，在"图层 3"中出现声音文件的波形，如图 9.82 所示。声音添加完成，按 Ctrl+Enter 组合键，测试添加效果。

图 9.81

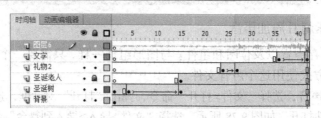

图 9.82

【提示】在一般情况下，将每个声音方在一个独立的层上，每个层都作为一个独立的声音通道。当播放动画文件时，所有层上的声音将混合在一起。

4. 属性面板

在"时间轴"面板中选中声音文件所在图层的第 1 帧，按 Ctrl+F3 组合键，弹出帧"属性"面板，如图 9.83 所示。

"声音"选项：可以在此选项的下拉列表中选择"库"面板中的声音文件。

"效果"选项：可以在此选项的下拉列表中选择声音播放的效果，如图 9.84 所示。

图 9.83

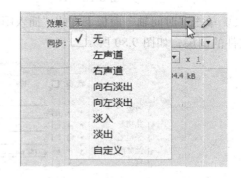

图 9.84

◆ "无"选项：不对声音文件应用效果。选择此选项后可以删除以前应用于声音的特效。

◆ "左声道"选项：只在左声道播放声音。

◆ "右声道"选项：只在右声道播放声音。

◆ "从左到右淡出"选项：声音从左声道渐变到右声道。

◆ "从右到左淡出"选项：声音从右声道渐变到左声道。

◆ "淡入"选项：在声音的持续时间内逐渐增加其音量。

◆ "淡出"选项：在声音的持续时间内逐渐减小其音量。

◆ "自定义"选项：弹出"编辑封套"对话框，通过自定义声音的淡入和淡出点，创建
自己的声音效果。

◆ "同步"选项：用于选择何时播放声音。

【提示】在 Flash 中有两种类型的声音：事件声音和音频流。事件声音必须完全下载后才能开始播放，除非明确停止，它将一直连续播放。音频流在前几帧下载了足够的资料后就开始播放，音频流可以和时间轴同步，以便在 Web 站点上播放。

"重复"选项：用于指定声音循环的次数。可以在选项后的数值框中设置循环次数。

"循环"选项：用于循环播放声音。一般情况下，不循环播放音频流。如果将音频流设为循环播放，帧就会添加到文件中，文件的大小就会根据声音循环播放的次数而倍增。

"编辑"按钮 ✐：选择此选项，弹出"编辑封套"对话框，通过自定义声音的淡入和淡出点，创建自己的声音效果。

5. 声音编辑器

单击"属性"面板中的"编辑"按钮 ✐，弹出"编辑封套"对话框，如图 9.85 所示。

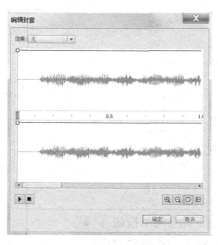

图 9.85

对话框中分为上下两个编辑区，上方代表左声道波形编辑区，下方代表右声道波形编辑区。在每个编辑区的上方都有一条左侧带有小方块的控制线，可以通过控制线调节声音的大小、淡入淡出等。

鼠标单击左声道编辑区中的控制线，增加了一个控制点，右声道编辑区中的控制线上也相应地增加了一个控制点，如图 9.86 所示。将左声道中的控制点向右拖曳，右声道中的控制点也随之移动，如图 9.87 所示。

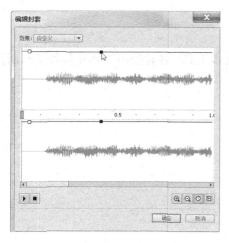

图 9.86

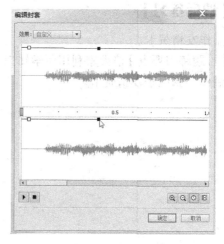

图 9.87

　　将左声道中的第 1 个控制点向下拖曳到最下方，使声音产生淡入效果，右声道中的控制点将不变化，如图 9.88 所示。左声道编辑区中的第 1 个控制点表示在此控制点上没有声音。左声道编辑区中的第 2 个控制点表示在此控制点上声音为最大音量。

　　在不增加控制点的情况下，将左声道编辑区中的第 1 个控制点向下移动，这时整条控制线也随之向下移动，左声道中声音的音量将整体降低，如图 9.89 所示。

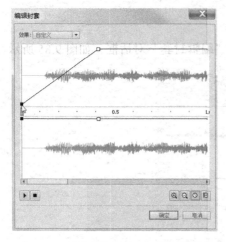

图 9.88　　　　　　　　　　　　　　　　图 9.89

　　在"编辑封套"对话框左下方有两个按钮 ▶ ■：

　◇ "停止声音"按钮 ■：停止当前播放的声音。

　◇ "播放声音"按钮 ▶：对"编辑封套"对话框中设置的声音文件进行播放。

　◇ 在"编辑封套"对话框右下方有 4 个按钮 🔍🔍◎🎞：

　◇ "放大"按钮 🔍：对声道编辑区中的波形进行放大显示。

　◇ "缩小"按钮 🔍：对声道编辑区中的波形进行缩小显示。

　◇ "秒"按钮 ◎：以秒为单位设置声道编辑区中的声音。

　◇ "帧"按钮 🎞：以帧为单位设置声道编辑区中的声音。

【课后练习】

　　制作友情贺卡。

　　【习题练习要点】请大家利用所学知识，使用文本工具、各种绘图工具及各种动画制作手段，制作一张电子友情贺卡。

第十章 使用 ActionScript 制作动画

ActionScript 是 Flash 的内置脚本语言，它是面向对象的编程语言。通过 ActionScript 编程，可以制作出各种复杂的动画效果和应用程序。

Flash CS6 支持两个版本的脚本语言：ActionScript 2.0 和 ActionScript 3.0。ActionScript 3.0 脚本语言实现了真正意义上的面向对象的编程。对于普通的 Flash 动画开发人员来说，ActionScript 2.0 比较容易掌握，因此本章主要利用 ActionScript 2.0 进行介绍。

【课堂学习目标】

1. 了解 Flash 中 ActionScript 2.0 代码的编写方法。
2. 掌握 ActionScript 语句实现实例对象动画的方法。

10.1 属性

10.1.1 课堂案例——对象属性代码设置

【案例学习目标】

使用代码设置对象的属性。

【案例知识要点】

① 新建一个 ActionScript 2.0 文档，文档参数设置为默认值，如图 10.1 所示。

② 按 Ctrl+F8 组合键，插入一个影片剪辑元件，名称为矩形，如图 10.2 所示。

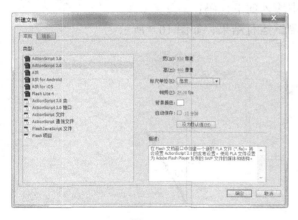

图 10.1

图 10.2

③ 在影片剪辑元件中用矩形工具画一个矩形。选中此矩形，按组合键 Ctrl+F3，打开属

性面板。设置矩形的宽为 20 像素，高为 100 像素，其 x 坐标为-10 像素，y 坐标为-100 像素，这样就使得此影片剪辑的中心点位于矩形的底边中心，如图 10.3 所示。

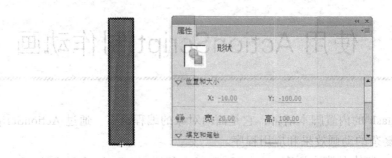

图 10.3

④ 返回到场景 1，按组合键 Ctrl+L 打开库面板，如图 10.4 所示。将影片剪辑元件拖动到舞台上，然后选中此影片剪辑元件实例，在其属性面板中设置实例名称为 rec_mc，如图 10.5 所示。

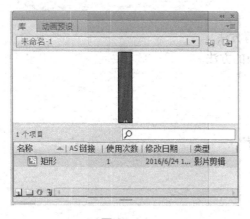

图 10.4

图 10.5

⑤ 在时间轴上新建一个图层 2，重命名为"AS"。选中 AS 图层的第一帧，按 F9 键，如图 10.6 所示，在打开的动作面板的编辑区中输入如下代码：

⑥ 保存影片，按 Ctrl+Enter 组合键，测试运行结果，如图 10.7 所示。

图 10.6

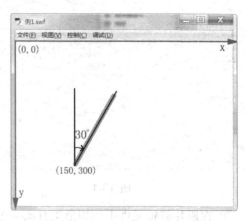

图 10.7

10.1.2 理论知识归纳与总结

ActionScript 是一种面向对象的编程语言。所谓对象就是在 Flash 中能看到的一切东西。舞台是一个对象，时间轴、影片剪辑、按钮、文本等都是对象。类是某一类型对象的概括或者说是模板，在 ActionScript 中，所有对象都是由类定义的。在 Flash 中制作的三种元件（影片剪辑元件、图形元件和按钮元件）在库中时都是类，当将元件拖动到舞台上时，就会形成一个一个的对象，这些对象也称为类的实例。

在舞台上设置对象的实例名称的方法：选中舞台上的对象，在属性窗口里就可以设置实例名称。

每个类都包括了三个重要的元素：属性、方法和事件。

属性：对象的属性可以理解为对象的特性，例如，大小、位置、颜色等。对象的属性可以在属性面板里设置，也可以通过在动作面板中使用代码设置。属性的输写规则是：

对象名称.属性名称 = 值；

常用的属性如表 10.1 所示。

表 10.1

属　　性	说　　明
_name	实例名称
_x	x 坐标位置
_y	y 坐标位置
_rotation	旋转角度
_alpha	透明度
_visible	可见性
_width	宽度
_heigth	高度
_xscale	水平缩放百分比
_yscale	竖直缩放百分比
_xmouse	鼠标指针的 x 坐标
_ymouse	鼠标指针的 y 坐标

10.1.1 节中的课堂案例的代码解释如下：

　　rec_mc._x=150;　　//设置实例的 x 坐标为 150 像素

　　rec_mc._y=300;　　//设置实例的 y 坐标为 300 像素

　　rec_mc._width =10;　　//设置实例的宽为 10 像素

　　rec_mc._height=200　　//设置实例高为 200 像素

　　rec_mc._rotation=30;　　//设置实例沿顺时针方向旋转 30 度

　　rec_mc._alpha=50;　　//设置实例的透明度为 50%

图 10.9 中给出了舞台的坐标系，（0，0）在舞台的左上角，x 轴和 y 轴的正方向分别是向右和向下的。影片剪辑元件的实例对象的坐标是元件的中心点在舞台上所在的坐标，实例对象旋转时也是以此中心点为轴进行旋转。

_rotation 的值为正数则为顺时针旋转，值为负数，则向逆时针方向旋转。

_alpha 值的范围在 0 ~ 100 之间，值为 0 则对象完全透明，不可见；值为 100 时，则对象为不透明。

10.1.3 举一反三

任务：获取鼠标的坐标，并在输出面板中显示。

操作提示：使用 trace( )语句输出_xmouse 和 _ymouse 的值。

10.2 方法

10.2.1 课堂案例——方法

【案例学习目标】

对象方法的使用。

【案例知识要点】

① 新建一个 ActionScript2.0 文档，插入一个影片剪辑元件，在影片剪辑元件中用椭圆工具画一个圆，如图 10.8 所示。

② 返回到舞台，将"图层 1"命名为"圆"将这个影片剪辑元件拖动到舞台左边，在属性中设置其实例名称为"circle_mc"。

③ 在 40 帧处按 F6 创建关键帧，将此影片剪辑元件拖动到舞台的右边，然后在时间轴上在 1-40 帧之间创建传统补间动画。

④ 新建"图层 2"，将其命名为"按钮"。在窗体菜单中打开公用库,分别选择公用库面板中 classic button 下的 playback 中的 playback-stop 和 playback-play 两个按钮，并将其拖到舞台上。

⑤ 选中 playback-stop 按钮，在属性面板中设置其实例名称为 stop_btn,同样设置 playback-play 的实例名称为 play_btn，如图 10.9 所示。

图 10.8

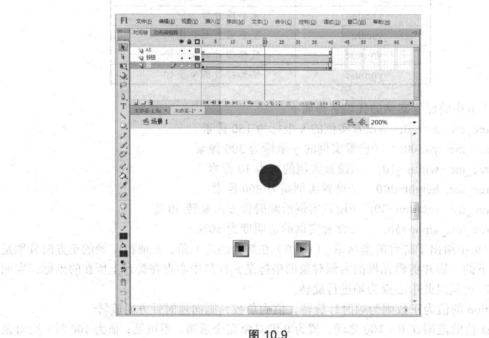

图 10.9

⑥ 新建"图层 3"，将其命名为"AS"。选择 AS 图层的第一帧，按 F9 弹出动作面板，在代码编辑区输入如下代码：

```
stop_btn.onPress=function(){
    stop();
}
play_btn.onRelease=function(){
    play();
}
```

⑦ 按 Ctrl+Enter 测试运行结果。当点击 playback-stop 时，动画停止；当点击 playback-play 时，动画继续播放。

10.2.2　理论知识归纳与总结

1. 方法

方法也是函数。将函数附加到对象时，它就被称为方法。在 ActionScript2.O 中创建函数的格式是：

```
function  函数名称(){        //ActionScript2.0 中区分大小写
        要执行的语句;
}
```

例如：新建一个 flash 文档，在第 1 帧按 F9，在动作面板中新建函数 test,并调用 test 函数计算 3+5 的和，输入代码如下：

```
function test(a,b){
    c=a+b;
    trace(c);
}
test(3,5);
```

测试影片，输出面板中应显示 8，如图 10.10 所示。

图 10.10

将函数附加到对象，就称为方法。AS 中内置了很多方法，编程中调用方法的格式为：

对象名称.方法名称();

例如：一个实例名称为 a_mc 的影片剪辑元件，调用它的方法为：

a_mc.stop();

2. 在面向对象的编程中，程序的执行需要事件来触发

当某个对象的事件被触发后，就能执行相应的语句。当这个对象的事件不被触发，那么

这些语句永远不会被执行。按下按钮和释放按钮就是按钮的两个常用的事件。

ActionScript2.0 中可以添加动作的对象有三种，分别是关键帧、影片剪辑元件实例对象、按钮元件实例对象。事件在关键帧中与在对象上的写法是不一样的。

在关键帧中，对某一对象（影片剪辑元件实例对象、按钮元件实例对象）的事件编写代码的写法为：

```
对象的实例名称. 事件处理函数 = function(){
    执行的语句
}
```

在关键帧中编写代码，按钮元件实例对象的事件处理函数如表 10.2 所示。

表 10.2　按钮的事件处理函数

事件处理函数	说　　明
onPress	在按钮上按下鼠标左键时调用
onRelease	在按钮上按下鼠标左键并释放时调用
onReleaseOutside	在按钮上按下鼠标左键然后将鼠标移到按钮外部并释放左键时调用
onRollOver	当鼠标指针从按钮外移到按钮上时调用
onRollOut	当鼠标指针从按钮外移到按钮外时调用
onDragOver	在按钮外按下鼠标左键然后将鼠标指针拖到按钮上时调用
onDragOut	在按钮外按下鼠标左键然后将鼠标指针拖到按钮外时调用
onKeyDown	当按下键时调用
onKeyUp	当释放按键时调用
onSetFocus	当按钮具有输入焦点而且释放某按键时调用
onKillFocus	当从按钮移除焦点时调用

10.2.3　举一反三

任务：设计一个函数，完成三个数的乘法运算。

10.3　事件

10.3.1　课堂案例——事件

【案例学习目标】

按钮对象的事件触发机制的编程方法。

【案例知识要点】

① 新建一个 ActionScript2.0 文档，插入一个影片剪辑元件，在影片剪辑元件中用椭圆工具画一个圆，如图 10.11 所示。

② 返回到舞台，将"图层 1"命名为"圆"将这个影片剪辑元件拖动到舞台左边，在属性中设置其实例名称为"circle_mc"。

③ 新建"图层 2"，将其命名为"按钮"。在窗体菜单中打开公

图 10.11

用库,如图 10.12 所示。分别选择公用库面板中 classic button 下的 key button 中的 key-down、key-left、key-right 和 key-up 四个按钮,并将其拖到舞台上。按钮和 circle_mc 影片剪辑实例摆放位置如图 10.13 所示。

图 10.12

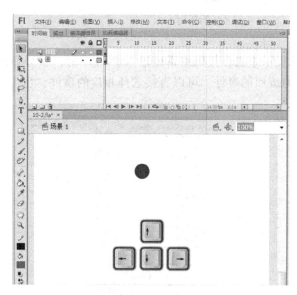

图 10.13

④ 选中 key-down 按钮,然后按 F9 键弹出动作面板,在代码编辑区输入如下代码:

```
on(press){
    circle_mc._y+=2;
}
```

⑤ 选中 key-up 按钮,然后按 F9 键弹出动作面板,在代码编辑区输入如下代码:

```
on(release){
    circle_mc._y-=2;
}
```

⑥ 选中 key-left 按钮,然后按 F9 键弹出动作面板,在代码编辑区输入如下代码:

```
on(rollOver){
    circle_mc._x-=2;
}
```

⑦ 选中 key-right 按钮,然后按 F9 键弹出动作面板,在代码编辑区输入如下代码:

```
on(rollOut){
    circle_mc._x+=2;
}
```

⑧ 按 Ctrl+Enter 测试运行结果。当点击 key-down 按钮时,circle_mc 向下运动;当点击 key-up 按钮并释放后,circle_mc 向上运动;当鼠标指针从 key-left 按钮外移到 key-left 按钮上时,circle_mc 向左运动;当鼠标指针从 key-right 按钮外移到 key-right 按钮外时,circle_mc 向右运动;

10.3.2 理论知识归纳与总结

在按钮元件实例对象上的编写代码格式：

on(事件名){

　　执行的语句

}

【提示】当在代码编辑区输入"on("时，就会弹出如图 10.14 所示的下拉式列表，列表项皆为按钮的事件。可以直接选择相应的事件，也可以直接用键盘输入事件。

图 10.14

在按钮元件的实例上编写代码时，可以根据需要选择相应的事件，按钮元件的实例可以触发的事件如表 10.3 所示。

表 10.3　按钮元件的事件

事　件	说　明
press	在按钮上按下鼠标左键时调用
release	在按钮上按下鼠标左键并释放时调用
releaseOutside	在按钮上按下鼠标左键然后将鼠标移到按钮外部并释放左键时调用
rollOver	当鼠标指针从按钮外移到按钮上时调用
rollOut	当鼠标指针从按钮外移到按钮外时调用
dragOver	在按钮外按下鼠标左键然后将鼠标指针拖到按钮上时调用
dragOut	在按钮外按下鼠标左键然后将鼠标指针拖到按钮外时调用
keyPress "<键名>"	当按下键名对应的键时调用，键名有 Left，Right，Home，Space 等

10.3.3 举一反三

任务：按下键盘上的→↓↑←方向键，按钮元件实例向相应的方向移动。

10.4　影片剪辑元件编程

10.4.1　课堂案例——影片剪辑元件实例的编程方法

【案例学习目标】

学习影片剪辑元件实例的代码编程方法。

【案例知识要点】

① 新建一个 ActionScript2.0 文档，插入一个影片剪辑元件，在影片剪辑元件中用矩形工具画一个正方形，如图 10.15 所示。

② 将此影片剪辑元件拖到舞台上，按 Ctrl+F3 组合键，打开属性窗口，设置实例名称为 rec_mc，并将图层 1 命名为正方形，如图 10.16 所示。

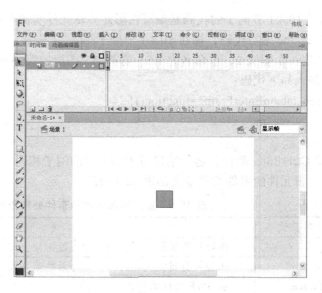

图 10.15　　　　　　　　　　　　　　图 10.16

③ 选择此正方形实例，按 F9，在动作面板的代码编辑区中输入如下代码：

```
onClipEvent(enterFrame){
    _x+=2;
}
```

④ 按 Ctrl+Enter 测试运行结果,发现正方形就会向右运动。

10.4.2　理论知识归纳与总结

在影片剪辑元件上编写代码的格式为

```
onClipEvent(事件){
        执行的语句
}
```

常用的影片剪辑元件的事件如表 10.4 所示

表 10.4　影片剪辑元件的事件

事　件	说　明
load	影片剪辑被加载并显示在时间轴中
unload	影片剪辑被删除并从 时间轴中消失
enterFrame	播放头进入到影片剪辑实例所在的帧
mouseMove	移动鼠标
mouseDown	按下鼠标左键
mouseUp	释放鼠标左键
keyDown	按下键盘上的键
keyUp	释放键盘上的键
data	通过 loadMovie()或 loadVariables()方法接收外部数据时引起该事件

【提示】10.4.1 节例子的代码是编写在影片剪辑元件实例上的,若在关键帧中对影片剪辑元件实例 rec_mc 编写代码,则在 10.4.1 节例子第(2)步后,可以采取以下步骤:

① 新建一个图层 2,重命名为 AS。选择 AS 图层的第一帧,按 F9,在动作面板的代码编辑区中输入如下代码:

```
rec_mc.onEnterFrame=function(){
    rec_mc._x+=2
}
```

② 按 Ctrl+Enter 测试,运行结果与 10.4.1 节的例子相同。

影片剪辑元件的事件处理函数如表 10.5 所示。

表 10.5　影片剪辑元件的事件处理函数

事件处理函数	说　明
onLoad	在影片剪辑被实例化并显示在时间轴上时调用
onUnload	在影片剪辑被从时间轴上删除后的第一帧中调用
onEnterFrame	以 SWF 文件的帧频持续调用
onMouseMove	移动鼠标时调用
onMouseDown	按下鼠标左键时调用
onMouseUp	释放鼠标左键时调用
onKeyDown	按下按键时调用
onKeyUp	释放按键时调用
onData	当所用数据都加载到影片剪辑时调用
onPress	在影片剪辑上按下鼠标左键时调用
onRelease	在影片剪辑上按下鼠标左键并释放时调用
onReleaseOutside	在影片剪辑上按下鼠标左键然后将鼠标移出并释放左键时调用
onRollOver	当鼠标指针从影片剪辑外移到影片剪辑上时调用
onRollOut	当鼠标指针从影片剪辑上移到影片剪辑外时调用
onDragOver	在影片剪辑外按下鼠标左键然后将鼠标指针拖到影片剪辑上时调用
onDragOut	在影片剪辑上按下鼠标左键然后将鼠标指针拖出影片剪辑时调用
onSetFocus	当影片剪辑具有输入焦点而且释放某按键时调用
onKillFocus	当从影片剪辑移除焦点时调用

10.4.3 举一反三

任务：鼠标移动时，影片剪辑元件实例运动。

操作提示：使用 onMouseMove 或 MouseMove 事件实现。

10.5 综合实例——时钟

10.5.1 课堂案例

【案例学习目标】

使用 ActionScript2.0 制作时钟。

【知识要点】

1. 绘制时钟

① 选择"文件>新建"命令，在弹出的"新建文档"对话框中选择"ActionScript2.0"，设置宽为 600 像素，高位 580 像素，然后点击"确定"按钮，新建一个 Flash 文档。

② 按"Ctrl+F8"组合键，打开"创建新元件"对话框，创建名称为"秒针"的影片剪辑元件。选择"线条工具"，在"属性"面板中设置"笔触"为 3 像素，画一条长为 200 像素的直线。然后再用"线条工具"在上一条直线下端画一条"笔触"为 7 像素，长为 25 像素的直线。再用"椭圆工具"画一个直径为 15 像素的圆，并将其放置于距笔触为 7 像素的直线上端 5 像素处，最后将画好的秒针下端处的圆心置于影片剪辑元件的十字中心点，如图 10.17 所示。

③ 同样分别创建"分针"和"时针"的影片剪辑元件。其中，分针的直线笔触为 10 像素，长为 150 像素，底端的圆的直径为 10 像素；时针的直线笔触为 13 像素，长为 100 像素，底端的圆的直径为 10 像素。

图 10.17

④ 返回到场景 1，将图层 1 命名为"表盘"。使用"文件>导入>导入文件入库"命令导入表盘文件到库中，然后将其由库中拖动到舞台上，使表盘的中心与舞台中心对齐。在第 2 帧上，按 F5 键，创建一个普通帧。

⑤ 创建图层 2，将其命名为"时针"，从库中将影片剪辑元件"时针"拖到舞台上，将元件的十字中心点与表盘中心对齐。同样，将影片剪辑元件"分针"和"秒针"由库中分别拖动到相应的图层中，并将影片剪辑元件"分针"和"秒针"的十字中心点与表盘中心对齐。分别在"时针"、"分针"和"秒针"图层的第 2 帧上，按 F5 键，分别创建一个普通帧。选择"时针"、"分针"和"秒针"影片剪辑元件，在属性窗口中，分别设置其实例名称为"hourHand_mc"、"minuteHand_mc"和"secondHand_mc"。如图 10.18 所示。

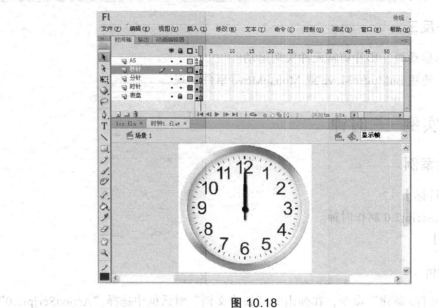

图 10.18

2. 添加代码

（1）新建一个图层，将其命名为"AS"。选中第一帧，按 F9 弹出动作面板，在代码编辑区输入如下代码：

```
var time:Date =new Date();
//创建 Date 类的实例对象 time
var hour:Number=time.getHours();
//将系统时钟的小时赋给数值型的变量 hour
var minute:Number=time.getMinutes();
//将系统时钟的分赋给数值型的变量 minute
var second:Number=time.getSeconds();
//将系统时钟的秒赋给数值型的变量 second
hourHand_mc.onEnterFrame=function()  {
    hourHand_mc._rotation=hour*30+minute/2
    //把时和分转换为旋转角度
}
minuteHand_mc.onEnterFrame=function()  {
    minuteHand_mc._rotation=minute*6
    //把获取的系统时间分转换为旋转角度
}
secondHand_mc.onEnterFrame=function()  {
    secondHand_mc._rotation=second*6
    //把获取的系统时间秒转换为旋转角度
}
```

② 然后按 Ctrl+Enter 测试运行结果，如图 10.19 所示。

3. 添加滤镜

（1）在舞台上选中"时针"实例对象，打开"属性"面板，选择"滤镜"选项，点击下面的"添加滤镜" 图标，在弹出的菜单中选择"投影"，设置"模糊 X""和"模糊 Y"的值均为 10 像素，如图 10.20 所示。

图 10.19

图 10.20

② 分别选择舞台上的"分针"和"秒针"元件，添加"滤镜"的方法和参数同"时针"元件。这样程序在运行时，时钟的指针都会有立体感的投影存在。

4. 添加整点报时功能

① 将准备好的"报时音乐.wav"素材导入到库中，导入的方法与导入表盘图片方法一致。

② 按 Ctrl+L 键，弹出库面板，选中"报时音乐.wav"文件，单击右键，在弹出菜单中选择"属性"菜单项，在弹出的"属性"对话框中，先选中"为 ActionScript 导出"复选框，此时对话框中的"标识符"一栏将变得可用，在其中输入其标识名为"music"，此标识将在程序中作为该声音的标志，故多个声音不得使用同一个标识符，如图 10.21 所示。

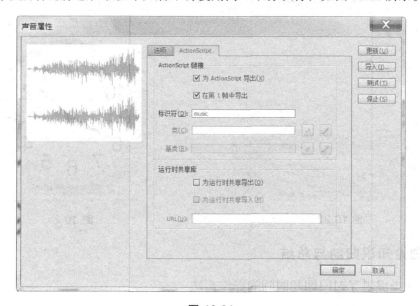

图 10.21

③ 选择"AS"图层的第 1 帧，按 F9，在动作窗口中继续输入如下代码：

```
var myMusic:Sound = new Sound ();
        //创建 Sound 类的实例对象 myMusic
myMusic.attachSound("music");
        //通过 attachSound 方法把导入到库中的"报时音乐.wav"添加
        //到程序中，此处的 music 即为在库中设置的"AS 链接"名。
t = myMusic.position/1000;
        //position 属性为播放音乐的当前位置（单位为毫秒）
if (minute == 0 & second == 0) {
    myMusic.stop ();    //当前声音停止
    myMusic.start (t);    //在 t 时刻（单位为秒）播放声音
}
```

先定义一个声音实例对象 myMusic，再用 mysound.attachSound("music")语句将库中的声音附加到此声音实例对象 myMusic 上。

④ Ctrl+Enter 测试，每逢整点就开始报时。

5. 数字时钟

在时间轴上添加一个新图层，命名为"数字时钟"。

选择"文本工具"，在舞台中心下方画一个长为 250 像素，宽为 40 像素的文本框。在"属性"面板中设置"实例名称"为"timeText"，并将其设置为动态文本，如图 10.22 所示，并为此动态文本添加投影滤镜，方法何参数与"指针"添加投影滤镜一致。

选择"AS"图层的第 1 帧，按 F9，在动作窗口中继续输入如下代码：

```
timeText.text=+hour+"时"+minute+"分"+second+"秒"
```

具有整点报时、数字时钟和指针时钟三种功能的时钟就做好了，如图 10.23 所示。

图 10.22   图 10.23

10.5.2　理论知识归纳与总结

1. Date 类提供了对日期和时间的操作方法

要使用 Date 类首先要创建一个 Date 类实例：

var time:Date = new Date();

创建了 Date 实例后，就可以调用 Date 的方法，来获取当前时间。

◇ getDate()方法：将返回当前的号数，返回值是 1-31 之间。

◇ getDay()方法：返回当前是星期几，0-6，0 代表星期日。

◇ getFullYear()方法：返回当前年份，4 位数。

◇ getHours()方法：返回当前是几点，0-23。

◇ getMinutes()方法：返回当前是分钟数，0-59。

◇ getMonth()方法：返回前的月份数，0-11。请注意这里是 0-11，即 0 代表 1 月。那么当前的月份应该是：getMonth() +1.

◇ getSeconds()方法：返回当前的秒数，0-59。

◇ getTime()方法：返回当前时间自通用时间 1970 年 1 月 1 日午夜以来的毫秒数。

2. Sound 类提供了对声音的操作

要使用 Sound 类必须使用 new 新建一个 Sound 实例：var myMusic:Sound = new Sound ();有了 Sound 实例，就可以使用 Sound 类的方法来操作声音了。

通过 attachSound 方法把导入到库中的"报时音乐.wav"添加到程序中，此处的 music 即为在库中设置的"AS 链接"名：myMusic.attachSound("music")。

  t = myMusic.position/1000; 其中 position 属性为播放音乐的当前位置（单位为毫秒）

  myMusic.stop (); //当前声音停止

  myMusic.start (t); //在 t 时刻（单位为秒）播放声音

3. 动态文本

用文本工具在舞台上画一个文本框后，打开属性面板。点开类型下拉列表可以看到共有三种文本框类型可供选择：静态文本、动态文本、输入文本，如图 10.24 所示。静态文本相当于标签，在 ActionScript 中不能进行操作，而动态文本和输入文本可在运行时进行操作。动态文本是运行时动态改变文本内容；输入文本是在运行时可由用户输入文本内容。动态文本框的 text 属性代表文本框的内容。

图 10.24

例：在舞台上画一文本框，设置其类型为动态文本，为其取名为 disp_txt。然后在帧动作面板中输入：disp_txt.text="动态文本框"。按 Ctrl+Enter 测试，即可在文本框中显示"动态文本框"。

10.5.3 举一反三

任务：为时针设定闹钟

操作提示：利用文本框的输入文本输入时间，设定闹钟。

参考文献

［1］ 安永梅，成维丽. Flash CS5 动画制作与应用[M]. 2 版. 北京：人民邮电出版社，2013.

［2］ 智丰工作室，邓文达，龚勇，宋旸. 精通 Flash 动画设计脚本、分镜头设计与典型案例[M]. 北京：人民邮电出版社，2009.

［3］ 李如超，王茜，杨文武. Flash CS4（中文版）基础教程[M]. 北京：人民邮电出版社，2012.

［4］ 周建国. Flash CS3 中文版实例教程[M]. 北京：人民邮电出版社，2012.

［5］ 张峤，桂双凤. Flash 动画制作基础与项目教程（CS3 版）[M]. 北京：机械工业出版社，2010.

［6］ 袁娜，赵新义，黄欣. 中文版 Flash CS5 动画制作高级案例教程[M]. 北京：航空工业出版社，2012.

［7］ 杨仁毅. 边用边学 Flash 动画设计与制作[M]. 北京：人民邮电出版社，2011.

［8］ 张晓华，邓国斌，孙志义. 中文版 Flash CS5 动画制作项目教程[M]. 北京：航空工业出版社，2012.

［9］ 林少景. Flash MX 实用编程百例[M]. 北京：清华大学出版社，2002.